Pour un savoir soutenable

Une théorie de l'interdisciplinarité

Première édition en anglais sous le titre : *Sustainable Knowledge: A Theory of Interdisciplinarity*
Par R. Frodeman, edition 1

First published in English under the title Sustainable Knowledge; A Theory of Interdisciplinarity
by R. Frodeman, edition: 1

ISBN: 978–1–137–30303–5 EPUB
ISBN: 978–1–137–30302–8 PDF
ISBN: 978–1–137–30301–1 Hardback
www.palgrave.com/pivot doi: 10.1057/9781137303028

ISBN (imprimé) : 978-2-7592-3087-7
ISBN (pdf) : 978-2-7592-3088-4
ISBN (ePub) : 978-2-7592-3089-1
ISSN : 1772-4120
Éditions Quæ – RD 10 – 78026 Versailles Cedex – www.quae.com – www.quae-open.com

INDISCIPLINES

Pour un savoir soutenable

Une théorie de l'interdisciplinarité

Robert Frodeman

Traduit en français par Alexis Galmot

éditions Quæ

INDISCIPLINES

La collection « Indisciplines » fondée par Jean-Marie Legay dans le cadre de l'association « Natures Sciences Sociétés-Dialogues » est aujourd'hui dirigée par Marianne Cohen. Dans la même orientation disciplinaire que la revue NSS, cette collection entend traiter des rapports que, consciemment ou non, les sociétés entretiennent avec leur environnement naturel et transformé à travers des relations directes, des représentations ou des usages. Elle mobilise les sciences de la terre, de la vie, de la société, des ingénieurs et toutes les démarches de recherche, éthique comprise. Elle s'intéresse tout particulièrement aux questions environnementales qui interpellent nos sociétés aujourd'hui, qu'elles soient abordées dans leur globalité ou analysées dans leurs dimensions les plus locales.

Le comité éditorial examinera avec attention toutes les propositions d'auteurs ou de collectifs qui ont adopté une démarche interdisciplinaire pour traiter de la complexité.

Sommaire

Remerciements

Les idées exposées dans cet ouvrage sont le fruit d'un travail d'équipe mené pendant plusieurs années avec Adam Briggle et James Britt Holbrook. Notre collaboration remonte à 2004, mais c'est à partir de 2008, au CSID (Center for the Study of Interdisciplinarity), que nos échanges ont réellement pris forme. Naturellement, la thèse que je soutiens ici est la mienne et la mienne seule. Mes collègues ne sauraient être tenus responsables d'aucune de mes insuffisances, tant sur le fond que sur la forme.

Keith Wayne Brown, directeur du CSID, a su éclairer nos lanternes de ses lumières toutes socratiques et la contribution de Kelli Barr, jeune chercheur ayant rejoint notre cercle ces dernières années, ne saurait être passée sous silence. Steve Fuller, Julie Thompson Klein, Michael Hoffman, Michael O'Rourke, Jan Schmidt et Mark Bullock m'ont, chacun à sa manière, poussé dans mes retranchements théoriques et philosophiques sur les questions d'interdisciplinarité. Un grand merci à Axiothea qui a été une inlassable compagne de voyage au cours de ce cheminement intellectuel, où qu'elle soit sur la planète.

Une mention spéciale enfin pour Eunice Nicholson qui a trouvé comment remettre d'équerre mes idées bancales, autour d'un bon verre de vin.

Les éditeurs francophones de cet ouvrage, NSS-Dialogues et Quæ, remercient tout particulièrement Madame Nicole Mathieu, directrice de recherche émérite au CNRS et ancienne élève à l'École normale supérieure, pour son travail d'incitation et de coordination de la version française de l'ouvrage de Robert Frodeman. Elle a été à l'origine de la traduction et elle a accompagné l'ouvrage jusqu'à sa parution.

Introduction

UNE PARABOLE

Dans *Walden*, Thoreau (1854) nous raconte cette anecdote : à Concord (Massachusetts), un Indien fait du porte-à-porte avec des paniers qu'il a fabriqués et ne trouve personne pour les lui acheter. Les paniers ne sont pas en cause, ils sont très beaux, simplement notre homme a négligé de les faire au goût de sa clientèle. Les chercheurs ont une relation comparable à la connaissance. Bien que capables de produire des objets d'une grande finesse et d'une grande beauté, la plupart du temps ils n'ont pas fait le moindre effort pour intéresser un public plus large que la petite troupe des membres de leur discipline. Ils se sont placés d'eux-mêmes dans la trace de l'Indien de Thoreau : « Au lieu d'étudier comment faire pour que ces gens achètent mes paniers, je vais étudier la marche à suivre pour éviter d'avoir à les vendre. »

La parabole de Thoreau nous permet de tracer à grands traits les fondements d'une approche disciplinaire dans la production des savoirs. Approche qui eut, disons-le, des mérites considérables mais qui connaît une crise grave. On ne compte plus les chercheurs qui voient leur travail critiqué et écarté, ceux qui doivent sans cesse justifier leurs méthodes de travail et ceux à qui on coupe sèchement les subsides. La société dans son ensemble paraît dubitative : la recherche universitaire lui coûte trop cher, elle lui rapporte trop peu.

Le présent ouvrage, *Pour un savoir soutenable*, se veut un diagnostic des maux dont souffre toute la production universitaire à l'heure où sonne le tocsin de la disciplinarité. On en détecte les symptômes sous différents aspects : une crise de surproduction des travaux de recherche ; un manque d'intérêt général de la part du public, combiné à un défaut évident d'applicabilité sociale ; une baisse d'autorité, une perte d'autonomie et une dégradation du statut social qui frappe tous les chercheurs, à tous les niveaux.

Voyez cette crise de surproduction : articles et livres sont rarement lus avec le même soin qu'on a mis à les écrire. Honnêtement, qui a la capacité de suivre la masse des publications ? La méthode qui consistait autrefois à subdiviser pour gérer la surabondance disciplinaire – du Adam Smith appliqué au monde universitaire – a été emportée par des trombes épistémiques. Devant l'inflation des savoirs qui est en train de gonfler chaque sous-domaine, voilà que nous continuons de subdiviser encore et encore, alors que les problèmes auxquels nous sommes confrontés sont toujours plus intégratifs par nature. Le résultat est que la disciplinarité – c'est-à-dire la production des savoirs, dont le champ d'action est borné par les limites d'une discipline donnée – est devenue inefficace, anachronique, moribonde.

Cette étude est volontairement courte. On n'en attendra pas moins d'un ouvrage qui se soucie de la surproduction des savoirs. Je me suis efforcé de peser chaque phrase de ce texte et de me cantonner aux points sur lesquels je pense avoir quelque chose à apporter. Il existe une littérature riche et variée sur l'interdisciplinarité : le lecteur pourra la consulter. Je considère pour ma part qu'il est inutile de répéter des points utilement étudiés ailleurs.

DE L'USAGE DU SAVOIR ET DE SES ABUS

« Nous voulons servir l'Histoire seulement en tant qu'elle sert la vie. Mais il y a une façon d'envisager l'Histoire et de faire de l'Histoire grâce à laquelle la vie s'étiole et dégénère. »
Nietzsche, 1874.

Dans le jargon universitaire, le terme d'« interdisciplinarité » désigne l'intégration des savoirs par croisement des disciplines, en opposition à la « multidisciplinarité » qui opère par juxtaposition des champs de connaissances et à la « transdisciplinarité » qui a l'ambition de traverser toutes les approches possibles quitte à franchir les murs de nos vénérables universités. Ceci étant, je suivrai l'usage commun consistant à utiliser le terme d'« interdisciplinarité » comme concept valise regroupant toutes les pratiques propres à nous faire franchir les limites de l'approche disciplinaire. Une façon de coller au sentiment vague mais omniprésent que le savoir universitaire a connu un changement décisif.

Prise dans son acception courante, l'interdisciplinarité signifie quantité de choses. Dans mon esprit, l'interdisciplinarité traite de la notion la plus antimoderne qui soit, celle de limite.

Il est vrai que la disciplinarité traite également du concept de limite. Les disciplines reposent toutes sur des frontières leur permettant de bloquer au-dehors une grande partie du monde, afin de mettre en œuvre des recherches sans limites dans un domaine limité, en évitant autant que possible les interférences extérieures. L'interdisciplinarité réalise un bris de frontières mais bute sur des limitations en termes de compréhension et d'expertise. Disciplinarité et interdisciplinarité font donc jouer toutes les deux les concepts de limite et de non-limite d'une façon tout hégélienne. On pourra toujours reprocher à l'interdisciplinarité d'être une forme de dilettantisme universitaire, mais ce serait juger du point de vue du savoir disciplinaire qui n'a pas pour objet, lui, de tracer des connexions à grande échelle entre objets distants. Par voie de conséquence, et pour fondé qu'il soit, ce reproche a autant (ou aussi peu) de pertinence que l'accusation d'isolement faite aux disciplines. Isolées, oui elles le sont : c'est même par définition ce qui les autorise à recevoir un certificat de bonnes mœurs.

Ceci étant, l'interdisciplinarité est également liée à la notion de limite de manière parfaitement évidente dans la mesure où elle limite elle-même sa production de connaissances à un problème spécifique ou à un besoin donné. La disciplinarité, elle, développe un projet de recherche infini, une excavation théorique jamais achevée ; vue ainsi, elle est toute-puissance.

Au fil de ces quelques pages, tentons de donner forme à quelques intuitions concernant l'avenir de la recherche universitaire. Quelle juste place le savoir devrait-il occuper dans nos vies ?[1] Est-il envisageable d'avoir trop de ce savoir, ou bien trop peu ? Devrait-on trouver une méthode aristotélicienne pour organiser la production des connaissances ? Comment gérer la production de connaissances dans le monde extrêmement changeant du XXIe siècle ?

Nietzsche, parce qu'il pose des questions voisines à propos de la connaissance historique, notamment dans *De l'utilité et de l'inconvénient des études historiques pour la vie* (1874), a été pour partie une source d'inspiration. C'est d'ailleurs dans l'ensemble de

1. J'entends souvent dire qu'il est nécessaire de distinguer une donnée, d'une information et d'une connaissance. La seule distinction qui me frappe par sa pertinence est celle qui oppose ces trois notions, prises une par une ou toutes ensemble, à la sagesse. Car la question qu'on ne pose pas est celle-ci : quelle est la relation entre savoir et bien vivre ?

son œuvre que le philosophe questionne le concept de vérité et le profit personnel attaché au savoir.

> En admettant que nous désirions la vérité : pourquoi ne préférerions-nous pas la non-vérité ? Et l'incertitude ? Et même l'ignorance ? (*Par delà le bien et le mal*, 1886)

Le questionnement de Nietzsche est généralement centré sur le sujet, d'un point de vue psychologique ; le cadrage est ici de nature plus politique puisqu'il interroge les éléments institutionnels et structurels impliqués dans la recherche du savoir.

Cette étude partage également la défiance de Nietzsche à l'égard de cette attitude de quasi-dévotion pour la « noble quête du savoir ». On célèbre à tout va la « curiosité scientifique » pour ses trouvailles fortuites – la fameuse « sérendipité » – alors que toute surprise n'est pas salutaire, tant s'en faut. La curiosité fut même longtemps regardée comme une dérive dangereuse ; les Temps modernes l'ont, de l'aveu même d'Einstein, sanctifiée. Il est si merveilleux de « suivre la pente de son propre génie, aussi tordu soit-il » (Thoreau, 1854). Admettons, à condition que la curiosité scientifique ne serve pas de paravent à la recherche quand vient l'heure de faire face à ses responsabilités publiques.

Je le dis tout net : je considère que cette période de production de connaissances illimitées, encapsulées, largement autonomes, ce laisser-faire qui a eu cours depuis 150 ans, arrive à son terme. Il n'y aura pas de cassure radicale, c'est l'évidence même, et c'est très bien ainsi. Mais pour un certain nombre de raisons bien précises – les sources de financement, les dangers de la technoscience, la césure culturelle, davantage de savoir débouchant, virage ironique, sur davantage de doute et d'ignorance – la question cruciale des limites épistémiques s'imposera nécessairement à nous tous. La quête du savoir pour le savoir n'est plus une valeur d'airain – le fut-elle jamais ?

Il sera de plus en plus clairement perçu que la société peut pâtir d'un excès de savoir autant que d'un défaut de savoir. Nous devrons remettre en question l'idée selon laquelle la réponse à tous nos problèmes est : savoir plus. Avec le temps, nous regarderons cette période finissante comme une ère de boulimie épistémique. Pour reformuler les choses en des termes sensiblement différents, le sujet n'est pas la valeur quantitative du savoir, mais la combinaison équilibrée du savoir avec d'autres valeurs, négligées, comme le respect, la solidarité, la quiétude.

Je vois bien les contradictions auxquelles je m'expose. Il y a un certain embarras à crier son amour du silence ou à plaider contre les plaideurs… Je me vois ici en train de rédiger un ouvrage savant qui met sur la sellette la production d'ouvrages savants. Des esprits malins me rappelleront que charité bien ordonnée commence par soi-même et m'inviteront à me taire. Levons toute ambiguïté : j'aime la connaissance. J'aime recevoir des connaissances, j'aime transmettre des connaissances. Et j'ignore ce que j'aurais fait de ma vie, si je ne l'avais consacrée tout entière à mieux connaître la vie.

Pour autant, il y a bien quelque chose qui ne tourne plus rond du tout. On entend ici et là des affirmations irréalistes, voire millénaristes, quant aux bienfaits à tirer des découvertes de demain (voir Ray Kurzweil). Dans sa campagne de communication, IBM nous invite à bâtir « une planète plus intelligente », et j'admets volontiers qu'il est possible de faire un meilleur usage de la connaissance scientifique. Mais ne nous y laissons pas prendre, vivre signifie autre chose que passer son temps à traiter de l'information. C'est aller vers davantage de douceur, d'ouverture d'esprit, de justesse. À l'instar d'un William Buckley – à qui je n'ai pas pour habitude de me référer – et dans un contexte différent, je veux me mettre en travers de l'Histoire et crier « stop ! » Ou tout au moins « doucement ! » le temps que nous puissions débattre et décider si nous avons assez de savoir, ou trop.

C'est un point qui a été soulevé par Bill Joy dans son article « Why the Future Doesn't Need Us » (2000). Tous les étudiants en première année seraient bien inspirés de lire ce texte, véritable antidote à la culture du savoir cumulatif vendu comme souveraine panacée.

SUR CE LIVRE

Pour un savoir soutenable développe deux lignes majeures. Il propose tout d'abord un état des lieux de la recherche universitaire et de la production des savoirs, articulé autour de quatre notions clé : disciplinarité, interdisciplinarité, transdisciplinarité et dédisciplinarité. Il réfléchit ensuite le rôle de la philosophie au sein de l'institution et dans l'ensemble de la société.

Premier point : l'université telle que nous la connaissons a été fondée à la fin du XIXe siècle et s'est développée au cours du XXe siècle sur des principes ancrés dans la notion de disciplinarité. Mais les circonstances technologiques, épistémologiques, culturelles et sociales qui justifiaient ces principes ont disparu. C'est un fait communément admis, la vogue actuelle pour l'interdisciplinarité en témoigne.

Malheureusement, les études sur l'interdisciplinarité passent trop souvent à côté de l'essentiel en se cantonnant par exemple à des débats méthodologiques, alors qu'il est indispensable de construire une analyse historique et culturelle critique des changements qui affectent la place du savoir dans la culture. C'est ce que je me propose de mener à bien. J'entends montrer que la production des savoirs doit être encadrée par des concepts inspirés de l'écologie. La production des savoirs est devenue non-soutenable, or la soutenabilité scientifique est un point essentiel à garantir si l'on veut atteindre une soutenabilité globale. C'est la raison pour laquelle j'ai intitulé le troisième chapitre « Soutenabilité » plutôt que « Transdisciplinarité ».

Deuxième point : je défends l'idée que les bouleversements à l'œuvre dans le champ des savoirs sont le révélateur des insuffisances – une absurdité historique, en vérité – de la philosophie du XXe siècle et des sciences humaines en général. Que nous le voulions ou non, nous vivons dans une ère technologique : jamais le besoin de philosophie et de sciences humaines n'a été aussi fort; cela peut sembler paradoxal à première vue, c'est en réalité une conséquence naturelle. Pourtant, force est de constater que les sciences humaines sont largement délaissées. Pour une grande part, elles sont responsables de cette situation. Telles qu'elles se sont construites au cours du siècle dernier, philosophie et sciences humaines se sont montrées incapables de répondre aux questions que nous nous posons tant à l'université que dans l'ensemble de la société. Pour difficile qu'il soit de redresser la barre au point où nous en sommes, il n'existe pourtant pas d'autre issue : il faudra essayer. Les sciences humaines devront se réinventer en se donnant pour mission socratique de fonder une critique philosophique et historique de la société.

Je développe ces deux lignes majeures dans quatre chapitres, respectivement intitulés : disciplinarité, interdisciplinarité, soutenabilité et dédisciplinarité.

Dans « Disciplinarité », je passerai en revue le cadre que constitue une discipline donnée dans la production de savoirs – ses origines, ses présupposés conceptuels, sa décadence actuelle. Comment définit-on une discipline, tant sur le plan historique que conceptuel ? Quelle fut son utilité ? Quelles sont les lignes de force œuvrant à sa disparition ? Pour cette analyse, je mettrai l'accent sur un point rarement traité : le rôle crucial de l'évaluation par les pairs, qui a toujours été le principe de gouvernance de la recherche universitaire.

Dans « Interdisciplinarité », je définirai ce qu'il faut entendre par cette notion. J'examinerai les forces et les faiblesses des différentes approches qui ont eu cours ces trente dernières années. J'explorerai aussi deux motifs essentiels pour l'interdisciplinarité, telle qu'elle s'est développée à la fin du siècle dernier et au début de celui-ci : les concepts de méthode et de rigueur. En réponse, je présenterai les vertus de l'interdisciplinarité, comme elles figurent dans la pensée d'Aristote et dans celle de Heidegger.

Dans « Soutenabilité », je chercherai comment il faudrait appréhender le concept de transdisciplinarité – qui est une notion autrement plus précieuse que l'interdisciplinarité pour qui souhaite comprendre la situation dans laquelle nous nous trouvons aujourd'hui. Ce faisant, mon argumentation empruntera certaines notions à l'écologie et j'expliquerai pourquoi la soutenabilité devrait devenir la clé de voûte de la transdisciplinarité. Ce chapitre montrera enfin que la dimension principale de la transdisciplinarité, en tant que coproduction de savoirs, implique nécessairement la reconnaissance d'une limitation à la production de savoirs – idée repoussoir lorsqu'on défend le statu quo à l'université.

« Dédisciplinarité » cherche à dédiscipliner la philosophie et, par extension, l'ensemble des sciences humaines. La philosophie disciplinaire se trompe de catégorie, car la philosophie n'est pas, ou ne devrait pas être, une ontologie locale (comme le sont les sciences). J'observerai comment cette erreur a voyagé dans le temps, et je dirai la puissance et la pertinence de la contribution d'une approche dédisciplinée de la philosophie à la culture dans son ensemble – avec en prime la perspective de nouveaux débouchés pour les philosophes et les spécialistes des sciences humaines.

L'épilogue de ce livre sera un récit des circonstances personnelles qui m'ont conduit à mener à bien cette étude.

Les questions abordées sont vastes. J'ai misé sur la concision pour accroître la lisibilité, même si je n'oublie pas le mot de Kant disant que bien des livres auraient été plus vite lus s'ils avaient été plus longs. J'ai souvent sacrifié la précision du détail aux perspectives plus larges (un mal pour un bien, je persiste et signe). L'une des vertus du philosophe prédisciplinaire comme postdisciplinaire est de savoir manier l'aiguillon pour piquer juste et de belle manière. J'aurai fait œuvre utile si ce que j'ai pu déconstruire d'une main, j'ai su le reconstruire de l'autre.

Chapitre 1
Disciplinarité

Dans ce chapitre je passe en revue le cadre que constitue une discipline donnée dans la production de savoirs : ses origines, ses présupposés conceptuels, sa décadence actuelle. Comment définit-on une discipline, tant sur le plan historique que conceptuel ? Quelle fut son utilité ? Quelles sont les lignes de force œuvrant à sa disparition ? Pour cette analyse, je mets l'accent sur un point rarement traité : le rôle crucial de l'évaluation par les pairs, qui a toujours été le principe de gouvernance de la recherche universitaire.

LES COULEURS DU TEMPS

Mon dernier bilan de santé remontant à plusieurs années, j'ai pris rendez-vous et je me suis rendu au cabinet médical avec mes analyses sanguines.

Le docteur m'examine, m'ausculte, puis commence l'entretien de routine : cholestérol, régime alimentaire, exercice physique, hygiène de vie. Tout est raisonnablement correct. Alors que je me rhabille, le docteur me dit qu'il y a encore un petit quelque chose :

« J'ai reçu votre APS… Vous avez un taux de 4,5. »

Je suis au courant que l'APS (antigène prostatique spécifique) est un test qui concerne le cancer de la prostate.

« C'est un taux qui signifie quoi ?

— Il signifie qu'il faudra prendre rendez-vous avec un urologue. »

Hum. Bon, je fais ce qu'on me dit. Deux semaines plus tard, me voici chez l'urologue, un type sympa. J'ai souvent des problèmes avec les docteurs, je pose beaucoup trop de questions, ça les énerve. Ils n'ont pas le temps, il y a d'autres patients qui attendent… Mais celui-ci garde son calme et accepte de me répondre.

Il m'explique que chez les hommes ayant un taux d'APS comparable au mien, entre 25 et 30 % développent un cancer de la prostate. Pour savoir si on a un cancer, il faut faire une biopsie. Dans le cas où le résultat est positif, il existe différents traitements, dont l'ablation pure et simple de la prostate.

J'ai le moral dans les chaussettes. Je me renseigne sur les joyeux effets secondaires de la prostatectomie : l'impuissance, l'incontinence (je sais que la mort est aussi au catalogue, mais dans l'immédiat cela semble moins… d'actualité). Mon urologue confirme la réalité de ces risques. Il ajoute qu'avec les nouveaux traitements dont on dispose, les effets secondaires sont mieux pris en charge. Sur le chapitre de l'impuissance, il me donne même des garanties, « n'ayez aucune crainte, j'ai les moyens de vous donner une érection façon pipeline. »

Une simple affaire de tuyauterie, si j'ai bien compris. J'imagine que je dois me sentir réconforté. Rendez-vous est pris deux semaines plus tard pour la biopsie.

Pour des raisons étranges – est-ce la nature déplaisante du sujet, ou bien parce que la biopsie est un passage obligé lorsqu'on veut savoir si on a un cancer – je ne me pose aucune autre question. La veille de l'intervention, je tombe sur un article du *New York Times* : « Prostate : les nouveaux tests réduisent les risques d'erreurs » (Pollack, 2013a).

En lisant l'article, je découvre que l'utilité du test d'APS est débattue depuis longtemps et je lis même qu'il «serait peut-être préférable de ne pas dépister du tout les hommes en bonne santé.» À la fin de l'article, un lien renvoie vers un article plus ancien du *New York Times*, daté d'octobre 2011 (Gardiner, 2011). Ce papier a pour sujet les conclusions rendues par une très officielle commission fédérale de prévention des risques sanitaires (United States Preventive Services Task Force, USPSTF). Or cette commission a publié une recommandation préliminaire conseillant de ne pas faire le test d'APS. Dans une synthèse portant sur différentes études d'impact, la commission affirme : «On dénombre beaucoup plus de patients ayant eu à souffrir des biopsies et des traitements inutiles, que de patients ayant été guéris d'un cancer de la prostate.» Une des raisons principales est que ce cancer met tellement de temps à évoluer que les hommes meurent «avec» le cancer de la prostate, pas «du» cancer.

La commission indique par ailleurs que «les bénéfices sur dix ans de la prévention de la mortalité due au cancer de la prostate sont de 1 patient sur 1 000 hommes testés», un chiffre à mettre en rapport avec «l'importance des risques encourus par les patients suite à la biopsie et aux différents traitements» (à savoir, douleurs, infections, incontinence, impuissance et décès). La conclusion de la commission est claire : «L'USPSTF recommande de ne plus faire passer le test d'APS.»

Il m'aura fallu quelques minutes à peine pour trouver ces informations. Je continue à chercher un peu sur Internet. Je découvre une déclaration de l'American Urological Association (AUA), un syndicat d'urologues. Le 21 mai 2012, l'AUA a publié un communiqué virulent visant les conclusions de l'USPSTF sur le test de dépistage :

> L'American Urological Association (AUA) est scandalisée par le refus de l'USPSTF de revenir sur sa recommandation contre le test de dépistage du cancer de la prostate et de prendre en considération les bénéfices réels du test d'antigène prostatique spécifique (APS) dans le diagnostic du cancer de la prostate. Il s'agit d'un jugement à l'emporte-pièce contre le test d'APS, infondé et irresponsable vis-à-vis des populations à risque, notamment les hommes afro-américains. Tous les sujets en bonne santé, avec une espérance de vie de 10 à 15 ans, devraient pouvoir choisir librement de se faire dépister. Il est prouvé que le test d'APS permet de sauver des vies. Les essais randomisés contrôlés cités par l'USPSTF l'établissent clairement (AUA, 2012).

Le principal lobby américain des survivants du cancer de la prostate n'a pas manqué de réagir à son tour. Thomas Kirk, président de US TOO, est cité dans un article du *New York Times* (Gardiner, 2011) : «Une seule chose à retenir : c'est le meilleur test que nous ayons; on ne peut pas dire aux gens "ne vous faites pas dépister."»

Quelques recherches supplémentaires sur Internet et je trouve des opinions opposées qui nourrissent la controverse. En fait le débat a l'air d'un corrélat sociologique de la troisième loi de Newton sur les actions réciproques : tout expert A exerçant une opinion sur un expert B subit une opinion d'intensité égale, de même direction mais de sens opposé, exercée par l'expert B. Un grand urologue de la John Hopkins University affirme qu'il est absurde et dangereux de refuser le test d'APS; un autre grand urologue de la même université soutient exactement le contraire.

Que faire? J'hésite, puis j'annule la biopsie prévue le lendemain aux aurores.

L'après-midi je reçois un coup de téléphone de mon urologue, très mécontent. Selon lui, je me suis laissé dominer par des peurs irrationnelles. Je me défends en disant que ça n'a rien à voir avec un conflit entre l'émotionnel et le rationnel, et que je considère que c'est ma vie qui est en jeu.

Mon urologue : « Quel mal y a-t-il à savoir si vous avez un cancer ? »

Moi : « Eh bien sans parler du coût, des désagréments et des possibles complications liés à la biopsie, d'après ce que je lis ici ou là, j'ai plus à craindre des effets secondaires du traitement que du cancer lui-même. »

Tension palpable sur la ligne. Il n'apprécie pas d'avoir à débattre de décisions médicales qui relèvent de sa compétence. Et lorsque je lui lis la phrase du rapport de l'USPSTF dans laquelle la commission conclut que « de nombreux patients souffrent des tests de dépistage alors que très peu, voire aucun, n'en tire de bénéfice », il explose :

« Cette commission est un ramassis de gugusses ! Il n'y a pas un seul urologue dans le tas ! »

Il dit vrai : la commission est présidée par un pédiatre et un généraliste. Elle compte un gérontologue, un expert en santé publique, un épidémiologiste, un biostatisticien et des spécialistes d'autres disciplines.[1]

Mon urologue : « J'ai 25 ans d'expérience en urologie. À qui faites-vous confiance ? »

EXPERTISE DISCIPLINAIRE, COMPLICATIONS TRANSDISCIPLINAIRES

Il était parfaitement clair qu'il s'agissait d'une question rhétorique. Qui croire, à quel jugement se fier étaient des questions qui n'auraient pas dû se poser. Le problème venait uniquement de moi et de mes lectures vagabondes sur Internet. (« Et vous annulez votre biopsie à cause d'un article du *New York Times ?* ») Je n'ai pas les connaissances nécessaires pour me faire une opinion. Mieux vaut laisser la parole aux experts – en l'occurrence les urologues. Ne pas se mêler des polémiques qui les opposent les uns aux autres.

En réalité mon urologue me poussait implicitement dans la direction opposée à celle qu'il imaginait. Car la décision à prendre était bel et bien en dernier ressort « la mienne » : à quelle expertise allais-je accorder ma confiance ? Puisqu'il s'agissait de science, de médecine, il y avait une sorte de fondamentalisme à l'œuvre. L'image de la science relève de la certitude newtonienne. Mais la « réalité » de la recherche scientifique est celle d'un débat permanent. La certitude newtonienne n'est qu'une fiction utile aux scientifiques et aux politiciens. Les deux catégories savent utiliser à leur profit la brillance de ce vernis : les scientifiques s'en servent pour assurer leur autorité et jouir des profits qui en découlent, et les politiciens savent parfaitement utiliser « ce que la science nous enseigne » comme argument d'autorité. La vérité scientifique, n'est-ce pas, ne saurait souffrir ni débat, ni opposition.

Ma conversation avec mon urologue relevait également de la friction habituelle entre expertise et connaissance superficielle. La société entière connaît cette distinction : nos vies quotidiennes sont balisées par des avis d'experts. (Allez donc vous acheter une bicyclette, une chaîne stéréo ou un aspirateur : tout est devenu domaine d'expertise.) C'est en ces termes que l'AUA a cadré le débat sur le test d'APS, voyant d'un mauvais œil leur expertise scientifique de spécialistes chahutée par des interférences politiques.

En 2012, l'AUA s'est rapprochée du Parti républicain afin de saper l'indépendance de l'USPSTF. Élue républicaine du Tennessee, Marsha Blackburn a accusé la commission d'être sous influence du gouvernement démocrate et a déposé une proposition de loi

1. La liste complète est disponible à l'adresse : https://www.uspreventiveservicestaskforce.org/Page/Name/our-members

(H.R. 5998). Ce texte visait à « renforcer le rôle des spécialistes et des groupes d'influence dans la définition des directives »[2] et à « supprimer le pouvoir discrétionnaire du département de la Santé et des Services sociaux en matière de déremboursement des actes médicaux dont l'efficacité ne serait pas clairement établie. » En clair : laissez décider les experts.

La proposition de loi H.R. 5998 est morte de sa belle mort, mais la controverse, elle, lui a survécu. On pouvait lire ceci dans le premier article du *New York Times* :

> Plus le test de dépistage APS est pratiqué, plus on découvre les conséquences dévastatrices des biopsies et des traitements qui en découlent. Entre 1986 et 2005, un million d'hommes ont été traités par chirurgie, radiothérapie, ou bien les deux, alors qu'ils n'auraient pas été médicalisés sans le test d'APS, affirme l'USPSTF. Sur ce million de patients, 5 000 sont décédés des suites de l'opération et entre 10 000 et 70 000 ont souffert de graves complications. La moitié ont été sujets à une hématospermie persistante (présence de sang dans le sperme) et entre 200 000 et 300 000 ont souffert d'incontinence, d'impuissance, ou les deux. Face à ces complications, Richard J. Ablin, le découvreur de l'antigène prostatique spécifique en 1970, a qualifié la généralisation du test d'APS de « catastrophe sanitaire ». (Gardiner, 2011)

Plus tard, alors que j'étais en train de rédiger ces pages, j'ai découvert que l'AUA avait changé son fusil d'épaule. Extrait d'un article du *New York Times*, daté du 3 mai 2013 :

> Changement de position, l'AUA ne défend plus le dépistage systématique du cancer de la prostate et indique vouloir cibler en priorité les hommes âgés de 55 à 69 ans.
> L'association avait fermement défendu un usage généralisé du test de dépistage, malgré les recommandations contraires de l'USPSTF qui pointait les conséquences négatives de traitements inutiles face à des bénéfices plus qu'hypothétiques.
> Dans les nouvelles directives publiées vendredi dernier, l'association d'urologie précise que le dépistage systématique n'est plus indiqué pour les hommes âgés de 40 à 54 ans, leur risque de développer un cancer de la prostate se situant dans la moyenne de la population. Le dépistage n'est plus recommandé non plus pour les hommes de 70 ans et plus.
> L'association invite les patients entre 55 et 69 ans à discuter des risques et des bénéfices du dépistage avec leur médecin. Lorsque le dépistage est choisi, une fréquence de deux ans sera préférée à un test annuel. (Pollack, 2013b)

Quel revirement ! (Notez au passage : les directives ont été publiées un vendredi, le jour traditionnellement réservé aux nouvelles à enterrer.)

Que devient la position précédente de l'AUA ? Je retourne sur le site de l'association et je découvre que le communiqué attaquant la recommandation de l'USPSTF a disparu. À la place, un message d'erreur : « Désolé ! La page que vous recherchez n'existe pas (ou plus) ! »

Mais comme on le sait tous, rien ne disparaît vraiment de la Toile. Un petit tour sur le moteur d'archivage Wayback Machine et je retrouve le fameux communiqué ainsi que les vidéos de l'AUA qui attaquaient les travaux de l'USPSTF. On jurerait que les experts ont bien changé d'avis.

2. http://healthbeatblog.com/2013/05/psa-testing-an-about-face/

En attendant les patients sont toujours soumis au test de dépistage APS lors de leurs bilans de santé, sans leur approbation, et sans qu'ils soient informés des controverses médicales.

LA FIN DE LA DISCIPLINARITÉ

« La disciplinarité est devenue une impossibilité, tant idéologique que pratique. »
Paul Forman, 2012

J'ai été tenté de parler à mon urologue du livre que j'étais en train d'écrire, étant donné que nous avions abordé ensemble des points illustrant les conditions actuelles de la production des savoirs. Lui et son organisation professionnelle, l'AUA, défendaient une position disciplinaire : les questions relatives au cancer de la prostate doivent être traitées par les experts appartenant à ce domaine. L'USPSTF, elle, se plaçait dans une perspective interdisciplinaire, ou multidisciplinaire : on ne peut évaluer correctement les bénéfices d'un traitement donné qu'en recoupant les points de vue d'experts venus de différents domaines.

Les débats à propos du test d'APS soulèvent clairement d'épineuses questions auxquelles nous sommes désormais soumis lorsque nous voulons faire usage de nos connaissances : comment définir avec précision le rôle de la science dans la prise de décision ? Comment gérer ensemble tous les paramètres d'un problème donné ? Où placer les limites d'une expertise ? Comment gérer les conséquences sociales et épistémiques découlant de cette masse énorme d'informations, souvent contradictoires, disponibles d'un clic sur Internet ? Comment répondre à cette perte constante d'autonomie et d'autorité qui frappe les professionnels de la connaissance, quels qu'ils soient ?

Les professions médicales ne sont qu'un cas particulier, le problème est général.

J'aurais aimé débattre de ces questions avec mon urologue. J'y ai renoncé, en partie à cause des sarcasmes qui ont répondu à mes doutes, c'est vrai. Mais le mal est plus profond ; le monde médical est arc-bouté sur le modèle du « tu la fermes et tu fais ce qu'on te dit de faire ». Aucune question personnelle ici, les docteurs n'ont simplement pas les moyens de faire autrement. Le modèle économique à l'œuvre impose au médecin un temps moyen de huit minutes par patient, ce qui exclut de fait tout débat et toute forme d'implication du patient dans son traitement. De plus, lorsque la prise d'une décision repose sur de multiples sources, la question de la responsabilité médicale est engagée. On comprend l'agacement de mon urologue face à mes « élucubrations » : elles papillonnent dans un monde irréel.

Ceci étant, les patients peuvent utiliser Google pour s'informer sur leurs problèmes médicaux et ils ne s'en privent pas : c'est un fait. Des mondes épistémiques entrent en collision, avec des conséquences réelles dans le monde réel. La connaissance médicale a cessé d'être le parc privé des docteurs, avec ticket d'entrée obtenu au terme d'études longues et ardues. Il suffit d'une connexion Internet, et tout le monde peut faire usage – mauvais usage inclus – du savoir médical. Un nouveau monde épistémique est né : soit nous nous adaptons à lui, soit il nous écrase.

Le jugement de Forman est donc juste : la disciplinarité est devenue une impossibilité. Nombreux sont les chercheurs qui font semblant de ne pas être au courant. C'est pourtant une véritable révolution politique qui est en train de frapper le monde du savoir. Un régime vieux de 125 ans s'effondre sous nos yeux. Or, la connaissance étant puissance, les conséquences sont incommensurables. Le contrôle exercé jusqu'ici par les universités sur le savoir, en termes de production, de diffusion et de certification, est caduc. Toutes les connaissances sont à disposition immédiate, sur une tablette ou un smartphone, à partir de sources pratiquement illimitées, et la plupart de ces connaissances sont non-académiques par nature. Voici une révolution initiée par des innovations technologiques, qui conduit l'université et la société tout entière vers un bouleversement épistémique et culturel majeur.

En tout état de cause, la disciplinarité sera difficile à ébranler, car elle est avant tout ancrée dans nos esprits. Comme Forman le fait remarquer, l'un des aspects les plus saillants de l'ère disciplinaire a été son peu d'empressement à réfléchir sa propre nature. Ce manque de curiosité a pu être intentionnel : n'allons surtout pas poser des questions dont les réponses pourraient d'aventure conduire à « la disparition des gratifications dont jouissent les professionnels de la profession » (Forman, 2012). Les universitaires ont préféré admettre une bonne fois pour toutes, sans la subtilité dont ils font preuve dans leurs travaux de recherche, que les disciplines sont ancrées dans les réalités du monde. La recherche suivant naturellement son cours, de nouvelles normes académiques modelées sur de nouvelles différentiations épistémiques apparaissent.

Ces différentiations auraient leur fondement dans les catégories naturelles qui divisent le réel. Exemple : nous avons d'un côté les roches, inertes, de l'autre le vivant. L'université se fait miroir de ces divisions naturelles et nous offre d'un côté la géologie, de l'autre la biologie. (Le calcaire, lui, nous montre où se situe le problème.[3]) Les chercheurs ont affirmé par ailleurs que les différentes disciplines reposaient sur des ensembles distincts de méthodes, d'outils ou de perspectives. Ces définitions formaient une réponse réduite au problème de la démarcation, tentative philosophique visant à tracer une ligne claire séparant science et non-science. Après de considérables efforts, les philosophes des sciences ont finalement abandonné l'idée de définir les marqueurs permettant de distinguer ce qui est scientifique de ce qui ne l'est pas (Laudan, 1983). Les disciplines n'y sont pas mieux parvenues.

Une « discipline » est classiquement définie comme une catégorie épistémologique.[4] En 1972, les actes du colloque international de l'OCDE (*L'interdisciplinarité. Problèmes d'enseignement et de recherche dans les universités*) établissent « sept niveaux de critères permettant de définir des disciplines données sur des bases épistémologiques... par exemple la zoologie traite des animaux, la botanique des plantes » (Heckhausen 1972, p. 83). Certes, une discipline possède un contenu épistémique qui lui est propre. On pourrait même ajouter que la connaissance universitaire n'est rien d'autre qu'une activité épistémologique, étant donné que le travail du chercheur, toutes sciences confondues, est de soulever des débats sur une question ou une autre. Mais c'est un écran de fumée. L'erreur est de considérer que si les universitaires sont des épistémologues, le regroupement de différentes spécialités universitaires au sein d'une discipline donnée constitue un ensemble épistémique cohérent, distinct des autres disciplines.

Stephen Turner a soutenu avec plus de succès l'idée que la définition d'une discipline est essentiellement nominale : autrement dit, telle discipline est constituée par ce que nous décidons de réunir en tant que discipline (Turner, 2000). N'est-ce pas la seule chose

---

3. Le calcaire est généralement formé par accumulation de fragments de squelettes ou de coquilles calcaires (coraux, bivalves, foraminifères, etc.)

4. Il y a également une connotation caractérologique au terme, suggérant un esprit discipliné, très marquée jusqu'au milieu du XXe siècle.

qui unifie les quatre aspects de l'anthropologie – anthropologie physique, anthropologie culturelle, archéologie et linguistique ? Ou classe la géochimie des eaux et la paléontologie des vertébrés dans la géologie ? Ou encore décide que l'histoire de la philosophie appartient à la philosophie plutôt qu'à l'histoire ?

Turner souligne une seconde caractéristique de la disciplinarité : les disciplines fonctionnent comme des marchés intérieurs et des cartels intellectuels. Une discipline est un département dans lequel on se prépare à travailler pour une autre université, dans un département portant le même nom (ou pratiquement le même) que le premier. C'est bien plus qu'une tautologie, ou qu'un cadre préparant de futures embauches, voire des relations économiques : le point central, ici, est celui du « public » défini. L'université disciplinaire a construit une économie du savoir en circuit fermé, où la considération des pairs éclipse l'intérêt pour les modes de pensée, les besoins, les applications sociales à l'extérieur. Tout au long de l'ère disciplinaire, ceux qui n'appartenaient pas à l'institution ont été considérés comme quantité négligeable dans le circuit de production, de certification et de diffusion des savoirs.

Les universitaires, lorsqu'ils prendront conscience des menaces qui planent – ce qui va finir par arriver – réagiront amèrement à la perte de leur précieuse autonomie. On observera avec intérêt la façon dont ils utiliseront leur culture politique, majoritairement progressiste, pour organiser la résistance aux attaques contre leur propriété intellectuelle, à l'heure où les universités s'approprieront leurs cours, les diffuseront en ligne (les fameux MOOC, *Massive Open Online Courses*), et licencieront du monde. Le point crucial de ce bouleversement est qu'il nous donne à voir l'insoutenabilité de notre mode de production des savoirs sous son aspect central : l'infinité. En effet, lorsque la production des savoirs était essentiellement une affaire *intra-muros*, elle se déroulait sans aucune gouvernance explicite (il y a toujours eu des gouvernances implicites, les limites de temps ou de ressources, mais elles étaient traitées comme des inconvénients). À l'université, toute réponse donnée soulevait une nouvelle interrogation, ouvrant ainsi une infinité de sujets de recherches. Alors que la production des savoirs est en train de se lier explicitement à des demandes précises de la société, qui veut des réponses précises, le système de production infinie des savoirs devient insoutenable. C'est en tout cas la position que je défendrai ici. Car je dis que c'est cet aspect, bien plus que la perte d'autonomie, qui est à même d'ébranler le statu quo universitaire.

Ceci est un point fondamentalement écologique. La bascule d'une culture disciplinaire vers une culture interdisciplinaire est un mouvement de déplacement de l'infinité vers le limité. Notre désir désormais obsolète de consommer toujours plus a été nourri par cette production illimitée de connaissances. Aller vers une production interdisciplinaire des savoirs devrait être un élément constitutif d'une vision du monde renouvelée nous enseignant à vivre dans un espace limité.

UN ABRÉGÉ HISTORIQUE DE LA DISCIPLINARITÉ

Les universitaires passent leur vie professionnelle dans les disciplines qui les ont formés. Leurs vues sur la question sont pourtant remarquablement indisciplinées, c'est-à-dire superficielles et désorganisées. Qu'est-ce qu'une discipline ? Quand ont-elles fait leur apparition ? Leur nature de « discipline » est-elle toujours identique ? Leur domaine d'étude est-il variable en fonction de la manière dont la discipline se définit ? L'université doit-elle « discipliner » toute étude, tout domaine de recherche ? Doit-on réserver une voie non-disciplinaire à certaines recherches ? Quelle serait la signification de ce partage ? Bref, quelle est la raison d'être ou la fonction d'une discipline ?

On imagine a priori les disciplinaires passionnés par tous ces questionnements. On imagine aussi que ces sujets de réflexion feraient partie de leur formation et qu'ils jalonneraient leur parcours universitaire vers le master et le doctorat. Non, peu d'étudiants interrogent la matrice disciplinaire dans laquelle ils baignent. D'ailleurs, la littérature disponible sur ces sujets est étonnamment peu abondante. Même les chercheurs sur l'interdisciplinarité, très conscients des insuffisances du savoir disciplinaire, n'abordent ces points qu'en évitant toute attaque frontale.

Ceci étant, on peut trouver un certain nombre d'essais étudiant la disciplinarité d'un point de vue historique ou philosophique[5]. Certains travaux consacrés à l'histoire des sciences ou à l'enseignement supérieur traitent également de ces questions dans quelques-unes de leurs pages[6]. On ne peut cependant pas parler d'un domaine d'étude – oserai-je dire d'une « discipline » ? – largement documenté, axé sur l'histoire intellectuelle de la disciplinarité. Et comme je viens de l'indiquer, les universitaires disciplinaires n'ont pas à ce jour mené ces études et ne les ont pas intégrées à leur discipline.

Sous une forme ou une autre, il faut remonter à l'Antiquité pour tracer l'histoire des disciplines. Trois, au hasard :

– en géographie, les premières cartes datent de Babylone et les premières études géographiques sont réalisées par Hécatée de Milet (500 ans av. J.-C.) Dès le xve siècle, l'Âge des découvertes apporta des connaissances nouvelles, révélant les limites de la géographie classique et pavant la voie pour la création d'une géographie moderne par Humboldt et Ritter ;
– en chimie, les premières civilisations savaient extraire les métaux du sol et connaissaient la fermentation alcoolique de la bière et du vin. Ce savoir pratique fut complété par une approche théorique, l'alchimie, qui cherchait à comprendre la nature de la matière et ses transformations. En 1661, sur les pas du *Chimiste sceptique* de Robert Boyle, la chimie remplace l'alchimie ;
– en économie, les connaissances sont liées à la politique depuis les origines (voir *la Politique* d'Aristote). Au xviie siècle, l'économie commence à se séparer des sciences politiques grâce au développement de l'arithmétique politique qui donne naissance aux physiocrates et permet la création de l'économie moderne par Adam Smith.

Assez d'histoire des disciplines, ça n'est pas mon sujet. La notion même de « discipline », définie d'une façon ou d'une autre, puise elle aussi dans les racines de la culture occidentale. Elle signifie simplement la division des connaissances en unités distinctes. On pourrait dater la naissance de la « discipline » au moment du passage de la philosophie de Platon à celle d'Aristote. Dans ses dialogues, Platon aborde un large éventail de questions et il choisit comme titres des noms de personnes ou des fonctions sociales – *Théétète, Phédon*, Le *Sophiste*, Le *Politique* – au lieu de catégories épistémiques. Aristote, lui, a conçu et construit ses traités – je parle des travaux qui nous sont parvenus, les dialogues sont perdus – en domaines de savoir comme la logique, la physique, ou la poétique.

5. Notamment Turner, 2000 ; Stichweh, 2001 ; Weingart, 2010 ; Shumway et Messer-Davidow, 1991 ; Post, 2009 ; McKeon, 1994 ; Forman, 2012 ; et les travaux de Klein, dont 1990, 1996, 2005.

6. Voir Veysey, 1965 et Clark, 2006. Dans son analyse de la disciplinarité, Paul Forman (2012) relève l'absence de démarche autoréflexive des disciplines.

On peut également regarder le *trivium* médiéval (grammaire, rhétorique, dialectique) comme une division disciplinaire. Et ce *trivium* (avec le *quadrivium* comprenant l'astronomie, la musique, l'arithmétique et la géométrie) a constitué pendant plusieurs siècles la taxinomie élémentaire des arts libéraux de l'éducation.

Cependant, considérer la discipline comme une simple catégorie analytique ou taxinomique néglige les aspects historiques, institutionnels et politiques qui sont au cœur de cette notion. Si l'histoire des disciplines remonte à l'Antiquité, la discipline dans son acception la plus riche, j'entends la culture disciplinaire moderne, est une création de la fin du XIXe siècle. La disciplinarité est un concept complexe, incluant :

- une gestion de la connaissance opérant par fracturation du matériau savoir en domaines séparés ;
- l'accent mis sur le développement de la recherche plutôt que sur des activités d'archivage ;
- la valorisation de la nouveauté ;
- la constitution d'une caste de professionnels accrédités.

Un point plus crucial encore : la culture disciplinaire moderne a institutionnalisé une rhétorique particulière au moment de déterminer son audience. Tous les points énumérés à l'instant ont leur importance, mais la disciplinarité se définit essentiellement par l'attention qu'elle porte à ses pairs.

Notons qu'à l'origine les départements d'une université, ou « facultés », n'étaient pas des domaines de spécialistes. Dès la fondation de la première université (l'université de Bologne, en 1088, portait en effet ce nom même si nous n'y retrouverions rien de comparable à nos universités actuelles) et jusqu'à la fin du XVIIIe siècle, ces établissements étaient composés de quatre facultés : les trois grandes, théologie, droit, médecine ; et la quatrième, philosophie ou humanités, de rang inférieur. Au cours de leur carrière, les professeurs passaient d'une faculté à l'autre, débutant dans la faculté de philosophie puis accédant aux trois grandes facultés (Clark, 2006). Cette circulation interdisait de fait la spécialisation, les disputes étroites, et induisait un apprentissage à large spectre.

Notons encore que le Moyen Âge et le début des Temps modernes connurent de nombreuses découvertes et virent fleurir bien des idées nouvelles : on ne remarque pourtant rien qui ressemble à notre culture de chercheurs institutionnels voués à la production de connaissances inédites. Loin de la production et de la diffusion de connaissances nouvelles, les professeurs « lisaient » (les Anglo-Saxons ont gardé le terme de *lecture*, signifiant « conférence »). C'était pour partie une question de technologie : le livre étant un objet rare et coûteux, la transmission orale des connaissances s'imposait comme une nécessité. Sous l'influence prépondérante de l'Église, on attendait aussi des professeurs la transmission d'une série de vérités pérennes – *perennis philosophia* – enracinées dans l'orthodoxie religieuse.

De fait, sans négliger le rôle joué par les universités, la plus grande part de la vie intellectuelle dans l'Europe du XIVe au XVIIIe siècle se déroulait ailleurs. Un échange créatif prit corps dans la *respublica literarum* ou République des lettres, qui fut un ensemble de mises en relations savantes par la poste et le salon. Grafton (2009) précise qu'à son apparition au XVe siècle, le terme se rapportait exclusivement au monde littéraire. Dès le début du XVIIe, il désignait un ensemble de pratiques savantes étendues à l'Europe et au monde entier. Voici ce qu'en dit Winterer :

> Ce fut l'âge d'or du généraliste, de l'érudit, du *polyhistor*, versé dans toutes sortes d'études, un âge où l'on pouvait encore aspirer à savoir tout. Les savants échangeaient

livres, lettres, journaux, pièces antiques, curiosités scientifiques ; ils constituaient des sociétés savantes, des académies, des universités, des laboratoires, des jardins botaniques et des cabinets. (Winterer, 2012)

La République des lettres et l'université se distinguaient de trois manières. Tout d'abord, la République des lettres comportait une veine démocratique qui était absente de la vie universitaire. Parler d'une « république » au sein de laquelle chacun rencontrait l'autre sur un pied d'égalité relevait à coup sûr d'un lointain idéal plus que de la réalité vécue, mais cela s'opposait radicalement à un monde dominé par la monarchie et l'aristocratie. Ensuite les caractéristiques sociales et transnationales de la République des lettres, qui s'étendait de l'Amérique aux confins de l'Asie et qui débattait au quotidien dans les cafés et les salons, nous apprennent que l'activité intellectuelle se déroulait dehors, dans le vaste monde, au lieu d'être confinée dans les cloîtres de l'université. La République des lettres, enfin, était hétérodoxe par nature, chose impossible pour les universités étroitement liées à l'Église et à l'État. Des figures aussi iconoclastes que Rousseau et Voltaire se sont placées à l'écart des voies officielles du pouvoir et se sont régulièrement heurtées aux autorités. Les *Lettres philosophiques* (1733) de Voltaire, par exemple, irritèrent à la fois le gouvernement et le clergé, l'obligeant à s'exiler de la capitale.

La lettre était l'outil de communication principal de la République des lettres ; nos archives en ont conservé des centaines de milliers. Si on y trouve bien l'annonce des dernières découvertes scientifiques en optique ou en mathématiques, exemples parmi d'autres, ce système de communication ne reposait sur aucune division disciplinaire. On y aborde ensemble des questions de sciences, de politique, de philosophie ou de religion. Un anachronisme nous présente Newton et Galilée comme des scientifiques alors que leur éducation et leurs travaux étaient par nature généralistes, ancrés dans la culture classique, passant du littéraire au social et au théologique, conformément aux canons d'une éducation qu'on retrouve jusqu'à tard au XIXe siècle.

Ce sont les Lumières qui ont été le creuset de la division disciplinaire. « De façon plus ou moins explicite, le projet des Lumières vise, à travers la division des connaissances, à fournir les bases d'un projet d'unification du savoir » (McKeon, 1994). *L'Encyclopédie*, publiée entre 1751 et 1772, comprend 28 volumes réunissant 71 818 articles et 3 129 illustrations. Elle prépare la voie disciplinaire en offrant une taxinomie alphabétique qui réalise la séparation des secteurs de recherche. Stichweh (2001) relève fort justement que les encyclopédistes furent pour l'essentiel des taxinomistes, occupés à répertorier et à archiver des connaissances sans chercher à en produire de nouvelles, mais ce fut néanmoins un pas décisif dans la marche vers la disciplinarité.

L'ordre alphabétique – qui n'est pas un ordre logique, c'est entendu, mais abolit de fait toute hiérarchisation des savoirs – permet de saisir un autre élément nécessaire au développement de la disciplinarité : le changement de statut épistémique de la religion. Pour qu'advienne le triomphe de la disciplinarité, il fallait que la théologie batte en retraite. Avec les Lumières, la religion est passée de science reine et de fin de toute connaissance à un simple champ de savoir parmi d'autres. Il aura fallu que la hiérarchie des facultés universitaires et des domaines disparaisse (la philosophie et les arts en bas, le droit et la médecine avec la religion tout en haut), pour qu'apparaissent les disciplines. Il aura fallu en outre dépersonnifier le savoir. Au lieu que la connaissance soit attachée à la personne, marquée par des questions de statut social ou de charisme personnel, elle est progressivement devenue l'ensemble des données offertes par le monde aux enquêtes empiriques. Cette conception nouvelle a permis de fonder à son tour un critère permettant de distinguer différents types de savoirs en fonction de leur degré empirique.

Pour opérer la bascule d'un savoir d'archivage, statique, à un savoir de production, différencié et dynamique, et pour réaliser un changement de conception du monde, le catalyseur ultime fut l'invention de la modernité : développement de nouvelles technologies; découvertes de nouvelles terres; compréhension nouvelle du temps, de l'Homme et de son expérience, vus comme une évolution et un progrès. Les vieilles catégories étaient incapables de contenir les nouveaux mondes et les nouvelles expériences. Aujourd'hui, des facteurs similaires sont à l'œuvre; ils nous apprennent que nous sommes à l'aube de bouleversements aussi intenses.

DISCIPLINARITÉ ET ÉVALUATION PAR LES PAIRS

Commençons par un point central : la disciplinarité est définie par le choix de son audience. Les scientifiques disciplinaires communiquent avec tous les collègues travaillant sur les mêmes domaines, créent des revues spécialisées avec des comités de lecture qui sont des experts du domaine et trient parmi les jeunes universitaires, décidant des postes et des promotions. Le terme générique recouvrant ces différents aspects est l'évaluation par les pairs. La disciplinarité repose donc sur cette notion.

L'évaluation par les pairs est une réponse politique à la question de la gouvernance universitaire. La production de savoir disciplinaire n'a jamais eu à se justifier ou à rendre des comptes, sauf aux pairs de la discipline. C'est une conception de la connaissance qui coupe la connexion entre production et usage : malgré l'émission répétée de lettres de créance affirmant l'intérêt des recherches académiques, la vérité est que les chercheurs produisent au quotidien peu de connaissances ayant un quelconque intérêt pour des acteurs étrangers à l'institution. Dans le cas contraire, on noterait des contacts réguliers, voire permanents, avec les usagers de ces connaissances.

L'isolement du savoir disciplinaire, à l'écart de toute influence extérieure, a généralement été défini comme une vertu; en témoignent les écrits bien connus de Bush, *Science, the Endless Frontier* (1945) et de Polanyi, « The Republic of Science » (1962). D'après ces auteurs, les chercheurs fabriquent un bassin de connaissances dans lequel la société vient puiser – mais le remplissage du bassin est indépendant des attentes de la société (Pielke et Byerly, 1998). Ces vingt dernières années, on trouve une quantité significative d'études sur les politiques de recherche remettant en cause le paradigme Bush-Polanyi – par exemple Sarewitz 1996, Guston 2002 et Pielke 2012. Elles ont eu peu de conséquences sur la compréhension du lien unissant savoir et politique de recherche. Les prendre en compte sérieusement ébranlerait tout l'édifice de la conception disciplinaire dans la production des savoirs.

Le savoir disciplinaire a réussi l'exploit de se faire passer simultanément pour pertinent et apolitique. La connaissance était par définition un bien profitable et infini, automatiquement adapté aux besoins de la société dans son ensemble. Les bienfaits de la connaissance justifiaient une production de connaissances accrue : les méfaits étaient imputables aux acteurs politiques ou à des forces culturelles obscures. L'un dans l'autre, les chercheurs avaient à disposition une justification de choix pour leur autogouvernance :

leurs activités – production de savoirs, diffusion de ces savoirs via des présentations, des publications et des cours – étaient à ce point spécialisées que les gens ordinaires ne pouvaient pas juger leurs travaux.

Il s'est ensuivi que les chercheurs ont conçu un outil d'autoévaluation susceptible de répondre à l'une des plus vieilles questions de la philosophie : « Mais qui va garder les gardiens ? » Les disciplinaires ont répondu à la question comme Platon[7] avant eux : les gardiens n'ont qu'à se garder eux-mêmes. Les biologistes sont seuls compétents pour évaluer les travaux de biologie, et seuls compétents les chimistes pour apprécier les recherches d'autres chimistes. Les non-experts – au sein de l'institution ou en dehors – perturberaient le système, provoquant des erreurs voire des calamités[8]. La crise que connaît aujourd'hui l'institution disciplinaire est pour partie une crise de l'évaluation par les pairs.

La disciplinarité est donc définie comme un regard en miroir. On retient deux critères de valeur pour la production de savoir disciplinaire : la capacité à dire quelque chose d'original et la compétence dans l'art de retenir l'attention de ses pairs et de s'attirer leurs faveurs. Les critères d'évaluation sont également déterminés en interne par les disciplines. Au final nous trouvons une structure illustrant le principe du principal-agent.

Ce principe met en scène une partie (l'agent) qui agit au nom d'une autre partie (le principal) ne disposant pas des informations ou des connaissances du premier. Puisque l'agent a plus de connaissances sur les affaires à traiter, le principal n'est pas réellement en mesure de contrôler les actions et les décisions de l'agent. Et l'agent a une tendance naturelle à privilégier ses propres intérêts plutôt que ceux du principal. Appliqués au fonctionnement de l'institution universitaire, les intérêts disciplinaires l'emportent sur les intérêts de la société dans son ensemble. Au point que cela en devient une vérité épistémique couronnée de vertu. Un Stanley Fish peut ainsi écrire à propos des sciences humaines :

> À la question « à quoi servent les sciences humaines ? » la seule réponse honnête est qu'elles ne servent strictement à rien. Cette réponse est l'honneur de ces disciplines. Une justification, après tout, confère de la valeur à une activité lorsqu'on se place dans une perspective extérieure à ses performances. (Fish, 2008)

Il est certain que Fish parle d'une absence d'utilité « extradisciplinaire », et non du plaisir individuel, de la réalisation personnelle, voire de l'extase religieuse que chacun peut retirer de ces travaux. En revanche, Fish, comme tant d'autres, fustige la possibilité d'une utilité extradisciplinaire des sciences humaines comme étant une dérive « carriériste ».

Les pairs utilisent leur expertise pour s'évaluer les uns les autres, mais le règne du jugement des experts est en passe d'être défait par l'adoption d'outils métriques appliqués aux travaux de recherche. La bibliométrie, même lorsqu'on l'applique dans le champ disciplinaire, démolit l'autogouvernance disciplinaire. Aucune expertise n'est requise lorsqu'il faut comparer deux nombres et dire lequel est le plus grand. Par conséquent les outils métriques sont la mise en place d'une évaluation non-experte, non-disciplinaire,

---

7. La formule littérale ne se trouve pas dans *La République*, mais on lit ce commentaire de Glaucon dans le livre III : « Ce serait une absurdité qu'un gardien ait besoin d'un garde. » *Quis custodiet ipsos custodes?* est une locution généralement attribuée au poète romain Juvénal dans la sixième de ses *Satires*. Elle reflète bien cependant le souci qu'a Socrate d'éduquer les futurs gardiens de la Cité idéale.

8. Dans le cas de la philosophie, qui doit-on considérer comme un « pair » ? est la question traitée par Frodeman, Holbrook et Briggle (2012).

accessible à des acteurs aussi variés que le président de l'université, le recteur, le ministère, le public. Il va sans dire que les outils métriques dépendent toujours en amont d'évaluations réalisées par les pairs eux-mêmes. On croit qu'un outil métrique donne des mesures objectives, mais lorsqu'on soulève le couvercle on découvre invariablement différents types de jugement épistémiques et politiques déterminant ce qui doit être évalué, comment et par qui. Ce qui n'a pas suffi à freiner l'engouement pour ces outils.

L'évaluation par les pairs est une matière hautement friable. Ça n'est pas un mystère, les experts sont souvent en désaccord à propos d'un cas et il leur arrive de biaiser en évaluant les avantages personnels ou professionnels à tirer d'une conclusion plutôt que d'une autre (Chubin et Hackett, 1990). Quiconque a déposé un projet ou un manuscrit devant une commission sait parfaitement que d'infimes détails dans le cursus universitaire peuvent déterminer le succès ou l'échec d'une demande de bourse, alors qu'on prétextera ici une piste de prospection négligée, là un argumentaire soi-disant défaillant. Ces failles bien connues ont permis l'avènement des outils métriques dès que la puissance informatique l'a permis.

Ceci étant, l'évaluation quantitative n'est pas la plus grande des menaces qui pèsent sur les pairs. Le point crucial est l'importance nouvelle accordée aux incidences sociétales plus larges de la recherche scientifique. Cette demande de prise en compte des « impacts extrascientifiques » (*broader impact*) dans la recherche menace tout l'édifice de l'évaluation par les pairs et de la disciplinarité même.

Aux États-Unis, le critère appelé *broader impact* a fait son apparition en 1997 dans une recommandation de la National Science Foundation (NSF), associé à la notion disciplinaire de *intellectual merit* (valeur scientifique). Les comités d'évaluation ont commencé par ignorer le nouveau critère, puis ils l'ont déclaré obscur, vide de sens, quand ils ne l'ont pas accusé de mettre à sac l'intégrité de la science, pour affirmer en définitive que le fameux critère n'était en rien une nouveauté (c'est l'analyse de Rothenberg, 2010). Avec le temps et quelque pression de la part du Congrès, le critère *broader impact* a gagné en importance (Holbrook, 2012). On notera des pressions similaires dans d'autres pays, au Royaume-Uni via les Research Councils, ou de la part de la Commission européenne. Dans les nouvelles directives de la NSF le *broader impact* a pratiquement la même valeur pour l'évaluation que l'*intellectual merit* (NSF, 2012).

L'apparition de ces critères sociétaux signifie la dédisciplinarisation de l'évaluation par les pairs, puisque choisir de financer tel ou tel projet scientifique devient ouvertement politique. Ceci concerne les centres de recherche ordinaires aux États-Unis et à l'étranger; une agence « missionnée » comme la NASA peut difficilement répondre au critère d'impacts extrascientifiques, mais pour des raisons statutaires. Partout dans le monde, les centres de recherche scientifique ont réfléchi à cette nouvelle question des « impacts », mais aucun n'a pris la mesure de la mutation radicale qu'elle implique, en ce qu'elle anéantit l'idée même d'évaluation par les pairs.

Observons attentivement ceci : les biologistes sont habilités à évaluer les aspects scientifiques de la recherche en biologie, mais ils n'ont aucune compétence particulière lorsqu'il s'agit d'apprécier les conséquences éthiques, légales ou sociétales de ces travaux. Lorsque les deux critères d'évaluation sont liés, la césure disciplinaire entre recherche et conséquences sociétales est abolie, les impacts extrascientifiques sont évalués en même temps que la valeur scientifique, la science se retrouve dépouillée de son statut social de domaine autonome du savoir, détaché du champ politique. En corollaire, le projet moderne visant à dessiner le champ de la vérité pure à l'écart des valeurs et de la politique est en miettes.

En pratique, au moment de l'évaluation il existe différentes façons de traiter la question des impacts extrascientifiques (Holbrook et Frodeman, 2011). On peut demander aux évaluateurs de déterminer d'abord la valeur scientifique d'un projet, puis de mesurer, séparément, ses impacts extrascientifiques. On peut aussi partager le travail d'évaluation entre plusieurs groupes d'évaluateurs : les biologistes évaluent les aspects biologiques, les sociologues et les économistes prennent en charge les aspects sociologiques et économiques. Les problèmes surviennent lorsque la détermination des impacts extrascientifiques prend plus d'importance qu'une simple variable servant à départager des projets, comme le préconise désormais la NSF. L'incohérence intellectuelle de tout l'édifice devient manifeste. Quelle peut-être la valeur scientifique d'un article ou d'un projet de recherche si ce n'est précisément son impact extrascientifique? La distinction entre valeur scientifique et impact extrascientifique revient à décider quel public est pris en considération – public disciplinaire ou public transdisciplinaire.

L'UNIVERSITÉ DISCIPLINAIRE EN CRISE

La crise qui frappe l'évaluation par les pairs est encore largement implicite. À en croire les universitaires, le problème le plus évident et le plus pressant est celui de l'autonomie : l'autogouvernance disciplinaire s'amenuise à mesure que l'université passe sous l'emprise de la société. On peut formuler le problème comme étant l'apparition d'une université néolibérale sous l'influence envahissante de certains courants de la philosophie politique du xxe siècle et la chute du dernier bastion de l'indépendance (Frodeman, Briggle et Holbrook, 2012). En réalité le phénomène est simplement la conséquence des avancées de la globalisation et de la technoscience.

Comme je l'ai dit plus tôt, les universitaires se retrouvent dans la même situation que les professions médicales. Les patients arrivent au cabinet médical informés sur leur maladie – mal informés, souvent – et prêts à remettre en cause l'autorité et la compétence du médecin. L'autorité du médecin est d'autant plus sujette à caution que la santé devient une question de choix de vie au lieu d'une matière purement médicale – quand on parle de « santé » on aborde désormais des questions d'opinion et de définition subjectives.

Le résultat est une sorte de déprofessionnalisation, le champ d'expertise spécialisé est envahi de questionnements extérieurs. Docteurs en médecine ou autres titulaires de doctorats, tous sont concernés par cette déprofessionnalisation : plus les domaines disciplinaires sont pénétrés par de vastes questionnements culturels, plus la perte d'autonomie est sensible. Formulé autrement, la rareté épistémique qui avait fondé l'autorité des experts est battue en brèche par la disponibilité immédiate des données/informations/connaissances.

La transition vers une nouvelle ère de production des savoirs sera un processus continu qui pourrait prendre différentes formes. Un scénario possible :

> Dans une cinquantaine d'années, éventuellement plus tôt, la moitié des 4 500 établissements universitaires américains auront fermé leurs portes. La technologie qui permettra cette transformation est déjà opérante et rien ne l'arrêtera. Voici ce que nous réserve l'avenir : l'accès aux études supérieures sera libre et gratuit; les campus

> universitaires n'auront plus aucune raison d'être; des dizaines de milliers d'enseignants vont perdre leur emploi; le diplôme de *bachelor* n'aura plus aucune valeur; dans dix ans, dix millions d'étudiants seront inscrits à Harvard. (Harden, 2013)

Naturellement, prévoir c'est essentiellement parier. Peut-être que 20 % des universités disparaîtront, ou bien 90 %. Peut-être assisterons-nous à une explosion du nombre d'universités nouvelles, comme c'est arrivé en Chine. Peut-être qu'au lieu de Harvard ou de Stanford, nous verrons apparaître (comme le projet Minerva[9]) des quantités de centres universitaires tournés vers l'apprentissage en ligne. Peut-être que le diplôme de *bachelor* existera toujours, mais sous une forme différente.

Certains scénarios mettent l'accent sur d'autres aspects : la disparition de l'évaluation par les pairs; le développement de l'évaluation métrique pour mieux répondre à une demande accrue d'applicabilité; de nouveaux modes d'évaluation des capacités, comme le système des « badges » ; l'insoutenabilité de la dette étudiante; la disparition des financements publics; les dangers d'un progrès scientifique et technologique hors contrôle, pouvant tomber entre les mains d'individus déséquilibrés ou malveillants. Pour résumer, la cause est entendue : le mode de production des savoirs qui a eu cours depuis 1880 se meurt. L'université prend l'eau.

Synthétisons les choses, la crise actuelle de la disciplinarité académique peut se lire sous trois axes :

1. le coût des études supérieures ne cesse d'augmenter plus rapidement que l'inflation, alors que les technologies basées sur Internet permettent de diviser radicalement ce coût. Ceci crée les conditions de ce que Christensen appelle une « innovation disruptive » – une restructuration profonde du système d'enseignement et de recherche (Christensen et Eyring, 2011). Un signe venu du futur : fin 2011, 160 000 étudiants ont suivi dans le monde entier un cours d'informatique donné par un professeur de Stanford. Un autre : en 2012, le MIT et Harvard ont rendu public leur projet de création d'une plateforme commune pour la diffusion en ligne, gratuite, de cours des deux universités. On trouvera sur la plateforme des cours de science, de science de l'ingénieur, de sciences humaines;
2. les philosophies politiques individualistes, néolibérales, se sont développées partout dans le monde occidental. Après la Seconde Guerre mondiale, un haut niveau d'éducation avait plus de valeur que la somme de ses implications économiques, politiques et sociales (Schrum, 2007). Les conservateurs trouvaient des vertus non-économiques aux études poussées : on allait à l'université pour obtenir une qualification professionnelle, mais on recevait surtout une éducation aux valeurs démocratiques qui étaient le rempart contre les idéologies totalitaires. Après la chute du mur de Berlin, les gouvernements ont cessé de considérer les aspects philosophiques, culturels, politiques des études comme étant un bien commun. Et si l'éducation représente simplement un bénéfice économique pour l'étudiant, il revient à chacun d'en supporter les coûts;
3. les universités n'ont plus le contrôle de la production et de la diffusion de la connaissance; combien de temps encore garderont-elles celui de la certification ? Aux États-Unis, les firmes investissent dans la recherche trois fois plus que le secteur public (Science Progress, 2011). Selon une estimation d'IBM, l'humanité génère « quotidiennement » 2,5 quintillions d'octets de données, dont 90 % ont été produites dans les deux années précédentes (IBM, Big Data, 2013). Cette surabondance d'information a fait naître un

9. https://www.minervaproject.com

nouveau défi : la gestion du « Big Data ». Nous voici au cœur du Web 2.0, dans un monde de contenus produits par les internautes, fait de milliards de blogs, de tweets, de textes, d'images, de vidéos, de traces GPS et de transactions commerciales. L'infosphère ainsi créée est un nuage d'informations que l'on feuillette, que l'on picore, ou que l'on ignore.

La crise de l'institution disciplinaire est tout entière issue d'une perte de contrôle sur le savoir. Les disciplines elles-mêmes ne vont pas disparaître. Elles continueront d'assurer une fonction essentielle dans les études supérieures, la présentation et l'organisation des connaissances. En revanche, la croyance selon laquelle le savoir disciplinaire se suffit à lui-même, l'idée qu'il est la « fin » du savoir, est à l'agonie. L'institution doit répondre à des demandes toujours plus pressantes d'applicabilité, alors que les financements sont réduits. Dans le même temps tout le monde s'accorde à reconnaître que les problèmes à traiter sont complexes, qu'ils dépassent le cadre disciplinaire et qu'ils présentent une indémêlable imbrication de faits et de valeurs. Les universitaires ont perdu leur monopole sur la production des savoirs ; ils sont en train de perdre leur très chère autonomie ; ils ne vont pas tarder à perdre également le contrôle qu'ils exercent sur la certification des savoirs.

De façon implicite, la disciplinarité possédait une dimension platonique. Au sein de l'institution, dans le domaine de la recherche tout au moins, le temps n'avait pas de réalité. Ostensiblement déconnectés des exigences du marché et de la société, les chercheurs avaient le loisir d'aller au gré de leur intérêt, à leur rythme. Il est entendu que des questions temporelles et contractuelles ont joué un certain rôle, mais l'excellence académique a toujours été jugée d'abord en termes de « rigueur scientifique » – précision épistémologique dans les moindres détails. S'interroger sur l'éventuelle pertinence des travaux de recherche pour un public extérieur avait peu d'importance ; l'idée était écartée car elle « nivelait par le bas » et impliquait une forme de « vulgarisation ». La question des délais dans la finalisation des recherches était traitée de la même façon. Il y avait peu de pression extradisciplinaire pour aboutir « en temps utile ». Le coût économique de la recherche – en temps, en moyens, en débouchés possibles perdus – était un paramètre largement mal renseigné de la production des savoirs.

Les grandes lignes de cette histoire – les détails nettement moins – sont généralement bien entendues. L'institution a donc trouvé un slogan capable de répondre à la crise et d'opérer la mutation nécessaire : l'interdisciplinarité.

Chapitre 2
Interdisciplinarité

Au milieu de cette mer houleuse de la vie civilisée, ce sont les nuages, les orages et les sables mouvants et les mille et un dangers dont il faut tenir compte, qu'un homme doit traverser, s'il ne veut sombrer et couler au fond, sans revenir au port, à l'estime, et il faut être bon calculateur, en vérité, pour réussir.

Thoreau, 1854

Dans ce chapitre je définis ce qu'il faut entendre par cette notion. J'examine les forces et les faiblesses des différentes approches qui ont eu cours ces trente dernières années. J'explore aussi deux motifs essentiels pour l'interdisciplinarité telle qu'elle s'est développée à la fin du siècle dernier et au début de celui-ci, le concept de méthode, et celui de rigueur. En réponse, je présente les vertus de l'interdisciplinarité comme elles figurent dans la pensée d'Aristote et dans celle de Heidegger.

DÉFINIR L'INTERDISCIPLINARITÉ

Dans le chapitre précédent, j'ai montré que la production des savoirs disciplinaires se définit essentiellement par la question de l'audience choisie. L'organisation disciplinaire implique une trajectoire centripète visant avant tout un public restreint aux pairs de la discipline. Ces pairs partagent des informations, des points de vue et des intérêts différents des groupes extérieurs. La disciplinarité s'expose ainsi à un certain nombre de risques qu'il est possible d'analyser comme le problème du principal-agent. L'institution néglige les priorités du public qui finance la majeure partie des recherches – le public, au sens large – et elle n'est pas prête à assumer les conséquences hasardeuses, possiblement dangereuses, d'une politique de recherche livrée au laisser-faire.

Qu'en est-il, dans ce cas, des approches interdisciplinaires dans la production des savoirs ?

Sur le plan épistémologique, on définit généralement l'interdisciplinarité comme un « mélange » ou une « intégration » de plusieurs types de savoirs disciplinaires[1]. J'ai montré que l'idée selon laquelle les disciplines sont des entités épistémiques distinctes est une chimère. En parallèle, je veux définir ici l'interdisciplinarité de façon rhétorique et politique en cernant le public visé, son audience. Les aspects épistémologiques existent, mais leur rôle est subsidiaire.

Examinons ce lieu commun, la distinction entre multidisciplinarité et interdisciplinarité. Distinguer une simple juxtaposition de différents champs de savoir d'avec leur synthèse est une réalité. Le problème est que cette distinction opère autant à l'intérieur des disciplines qu'entre les différentes disciplines. En géologie, par exemple, une étude de l'anticlinal de Rock Canyon dans le Colorado[2] implique l'intégration (ou non) de

1. J. Britt Holbrook critique l'identification de l'interdisciplinarité à l'intégration (Holbrook *et al.*, 2013).

2. On peut en savoir plus sur l'anticlinal de Rock Canyon à https://web.archive.org/web/20160902021104/http://www.earth.northwestern.edu/research/sageman/orbit.html

différents types de données : structurelles, minéralogiques, géochimiques et paléontologiques. Nous pouvons également choisir d'intégrer des perspectives culturelles, politiques, éthiques – ou pas. Nous pouvons encore combiner certaines de ces perspectives, ou toutes. Un point de vue paléontologique associé à un point de vue culturel devrait permettre, par exemple, d'évaluer la valeur esthétique des fossiles. Ce que nous décidons de combiner est déterminé par notre intérêt et par le public visé.

La manière la plus simple de définir l'interdisciplinarité consiste à retenir la focalisation externe, en dehors d'un groupe de pairs. Malheureusement cela ne suffit pas à restituer la complexité de la question. La trajectoire centripète est relativement limpide : on cherche à satisfaire la demande d'une communauté de pairs avec laquelle on partage de nombreux intérêts. La trajectoire centrifuge, elle, est nettement plus floue : à qui s'adresse-t-on ? Et même en évitant de ratisser trop large – 310 millions d'Américains, ou 7,1 milliards de Terriens – un public de non-spécialistes sera toujours une somme d'intérêts multiples et variés, loin du cadre bien ordonné que propose la communauté des pairs. Quelle serait la nature de cette relation (fluctuante), en termes de temps, d'attention et d'argent ? Comment cette relation affecterait-elle le lien que le chercheur entretient par ailleurs avec ses pairs, sachant qu'il dépend de ces derniers pour des questions de contrat, de salaire, de carrière ? En somme, dans la perspective de l'interdisciplinarité, où place-t-on le curseur entre interne et externe ?

LE DILEMME

À un journaliste qui lui demandait ce qu'il pensait de la civilisation occidentale, le Mahatma Gandhi aurait répondu « je pense que ce serait une bonne idée ». Dans ce projet que nous appelons l'interdisciplinarité, il y a aussi cet aspect « non-tenté ». Par non-tenté, je veux dire que malgré tous les efforts pour la théoriser, on n'a pas réussi à définir l'interdisciplinarité dans des termes qui lui seraient propres. Au lieu de cela, les interdisciplinaires ont reproduit dans leurs travaux des perspectives et des normes disciplinaires.

Comment s'en étonner ? Il est pratiquement impossible de l'éviter. Prenez ce livre en exemple. Les lecteurs vont l'ouvrir parce qu'ils pensent y trouver un tableau complet des différentes conceptions de l'interdisciplinarité. Hélas, même dans ce domaine limité du monde intellectuel, la production est tellement volumineuse qu'il faut, pour la maîtriser et la commenter, y consacrer tout son temps et tous ses efforts. Nous sommes pris dans un dilemme : le simple fait de commenter les travaux des autres chercheurs transforme *de facto* l'ouvrage en essai austère à usage interne, sans réel intérêt pour le grand public. D'un autre côté, laisser sur la touche les travaux des collègues exclut la communauté des spécialistes sur ces questions.

C'est ainsi que la littérature sur l'interdisciplinarité, alors qu'elle cherchait à s'ouvrir à des publics plus larges, a subi l'effet d'une contre-force la ramenant vers des débats internes. Prendre position dans toute cette littérature est une nécessité, nous devons tenir compte des points de vue développés par les autres interdisciplinaires. De plus, ne pas le faire nous expose à un risque politique autant qu'épistémologique ; dans le cas où un auteur ne se plierait pas à cette règle – citer et analyser les différents points de vue des membres de la communauté de référence –, il s'exposerait à la pire des sanctions : être ignoré. Vous devez contextualiser votre pensée dans le débat animé par une communauté de référence. Le résultat est inévitablement une monographie n'intéressant qu'un petit groupe de disciplinaires – en l'occurrence, les disciplinaires de l'interdisciplinarité.

La communauté des chercheurs étudiant les questions relatives à l'interdisciplinarité est consciente de cet écueil. Dans son article « Interdisciplinarity: the Paradoxical Discourse » (2000), Weingart relève des travers de ce type. Pourtant, alors qu'à une certaine époque la réponse fut de lutter contre la pente ramenant sur les terres disciplinaires, la tendance actuelle chez les interdisciplinaires est de plaider pour faire de l'interdisciplinarité une discipline. Les arguments pour disciplinariser l'interdisciplinarité tournent généralement autour de questions de cohérence intellectuelle et/ou d'organisation pratique, mais c'est aussi un point politique et économique par nature. Assurer un financement universitaire stable pour des travaux interdisciplinaires occasionnels n'est pas une mince affaire. Ces financements – une fois obtenus – sont les premiers à passer à la trappe en cas de coupes budgétaires.

Les interdisciplinaires en viennent donc à penser et à travailler au sein des communautés disciplinaires. Comme le note Krohn,

> Quelles que soient les raisons poussant les chercheurs à entreprendre des travaux interdisciplinaires d'une haute complexité – la curiosité, l'argent, la responsabilité sociale – l'obligation qui leur est faite de traiter des objets acceptables et d'aboutir à des résultats publiables pour leur communauté de référence les fait dérailler à nouveau. (Krohn, 2010)

Cette obligation découle de l'appartenance des chercheurs à l'institution. Nous avons besoin d'objets acceptables et de résultats publiables, car le système est ainsi fait que notre carrière dépend de l'évaluation des pairs de notre discipline.

Comment faire pour échapper au dilemme ? Comment éviter de capituler devant l'injonction disciplinaire aussi profondément gravée dans nos habitudes intellectuelles que dans les structures de l'institution ? Personnellement, j'ai choisi de suivre dans ce livre, dans ce chapitre, un chemin idiosyncrasique traversant le paysage de l'interdisciplinarité contemporaine. Si cela peut constituer une « méthode », ce sera dans l'esprit de ce que Thoreau appelle « à l'estime ».[3]

Notons au passage que ce genre de démarche – dans la petite communauté des interdisciplinaires ou dans un autre département de l'institution – a peu de chance d'obtenir soutien intellectuel ou considération institutionnelle. Elle sera vraisemblablement suspecte d'« amateurisme », de « dilettantisme ». Nous sommes bien les fils et les filles disciplinaires de Kant :

> Toutes les industries, tous les métiers et tous les arts ont gagné à la division du travail (…) Or ce ne serait pas indigne d'examen que de se demander si pour l'ensemble de cette industrie qui est la science, il ne vaudrait pas mieux que ceux qui sont habitués à débiter, conformément au goût du public, l'empirique mêlé au rationnel en toutes sortes de proportions qu'eux-mêmes ne connaissent pas (…) fussent avertis de ne pas mener de front deux occupations qui demandent à être conduites de façon tout à fait différente, dont chacune exige peut-être un talent particulier, et dont la réunion en une personne ne fait que des gâcheurs d'ouvrage. (Kant, 1785)

Mieux vaudrait rester disciplinaires ? C'est possible. Sauf qu'il n'est pas exclu que notre bagage conceptuel – méthode et rigueur scientifiques – se révèle incohérent et aveuglément

3. Katri Huutoniemi (2014), dans *Trandisciplinary Sustainability Studies: A Heuristic Approach*, défend une position analogue lorsqu'elle plaide pour l'abandon de la pensée méthodologique et pour une conception écologique et situationnelle de la recherche (chapitre 4).

inféodé à une conception disciplinaire du monde. Tout bien considéré, la position de Kant contient un certain nombre de présupposés que le passage des ans a passablement élimés. L'écologie nous a appris que la connaissance est autre chose qu'une somme de paquets étanches d'informations, et le monde s'impatiente de voir l'industrie du savoir produire les conclusions qui lui plaisent, selon l'agenda qui lui convient.

Qu'ici je me fasse l'avocat des gâcheurs d'ouvrage, ou peut-être mieux des navigateurs à l'estime, face aux positions des disciplinaires.

LES DEUX FACES DE L'INTERDISCIPLINARITÉ[4]

Si vous lancez aujourd'hui le mot « interdisciplinarité » vous tomberez sur deux types de réaction : la sceptique et l'enthousiaste. Ici, l'interdisciplinarité est perçue comme la panacée, capable de débarrasser la recherche et l'enseignement de tous leurs maux. À l'université, proposer des programmes interdisciplinaires est devenu le moyen le plus convenu d'afficher des positions réformistes. Conséquence directe, l'interdisciplinarité est un sujet à la mode et la littérature qui lui est consacrée ne cesse de grossir. Les universités créent des départements interdisciplinaires et recrutent des responsables pour administrer un portfolio explicitement interdisciplinaire. Comme le signalait un article, les approches interdisciplinaires dans la recherche ou l'éducation couvrent des sujets aussi variés que la pauvreté, la santé publique, le temps des loisirs (Jacobs et Frickel, 2009) – tous les sujets possibles, en réalité.

On jurerait que l'interdisciplinarité a pris le contrôle de l'université, au moins dans les mots. Certains affirment même que les programmes de recherche actuels sont essentiellement interdisciplinaires par nature, et que l'approche disciplinaire ne concerne que les étudiants des premiers cycles, par pure commodité pédagogique. En y regardant de plus près cependant, la recherche semble atteinte d'une sorte d'hyperdisciplinarité. Elle n'est interdisciplinaire que dans un sens limité et topique : les chercheurs, individuellement ou en groupe, combinent différents domaines, différentes perspectives, différentes bases de données, mais ils le font en se plaçant dans un *topos*, un lieu déterminé, ce qui revient à prolonger les mœurs disciplinaires au lieu de les contredire (Frodeman et Mitcham, 2007). Ces liaisons souvent éphémères peuvent générer à l'occasion un nouveau domaine disciplinaire, la biochimie par exemple, mais elles sont pour l'essentiel des disciplines naissantes, dans le fond et dans la forme.

En parallèle on voit grandir un certain scepticisme quant aux promesses de l'interdisciplinarité. La recherche interdisciplinaire ne répondrait pas ostensiblement mieux aux problèmes sociétaux que la recherche disciplinaire. Les hauts diplômes interdisciplinaires ne prépareraient pas clairement mieux non plus les étudiants au monde du travail ou à la vie en général. Les résultats disciplinaires – académiques, pour être précis – sont évidemment plus faciles à évaluer que les résultats inter ou transdisciplinaires, le cadre des disciplines permettant de comparer le comparable. Une discipline se définit en partie par la mise en place d'outils d'évaluation agréés. L'absence de tels outils est ce qui rend les « impacts extrascientifiques » de la recherche ou de l'éducation si délicats à mesurer. Tous ces appels à l'interdisciplinarité seraient souvent beaucoup de bruit et de fureur pour pas grand-chose. De nombreuses résistances individuelles freinent les changements nécessaires au succès des projets interdisciplinaires – pour peu que la notion de « succès »

4. Une précédente version de cet article a été publiée dans Weingart et Padberg (2014).

soit clairement établie – et l'institution rechigne à investir les budgets nécessaires pour ce type de projets. Le mot même est menacé de devenir un signifiant vide de sens, un schibboleth académique.

On observe un nombre croissant de chercheurs qui, après avoir placé l'interdisciplinarité au cœur de leurs travaux, tentent de développer une approche plus critique. Leurs efforts théoriques sont contredits par le développement institutionnel des études sur l'inter et la transdisciplinarité. Parmi les signes récents de cette poussée organisationnelle, on peut citer la création, en 2008, du premier Center for the Study of Interdisciplinarity, université de North Texas, États-Unis ; en 2010, celle du réseau Philosophy of/as Interdisciplinarity Network (PIN) ; et en 2011, celle de l'International Network for Inter- and Transdisciplinarity (INIT). Davantage tournée vers les jeunes étudiants, l'Association for Integrative Studies, fondée en 1979, est devenue l'Association for Interdisciplinary Studies en 2012 avec un programme annuel de rencontres.

L'idée de la plupart de ces chercheurs est de mettre en place une approche rigoureuse de l'interdisciplinarité. En général cela conduit à des discussions méthodologiques. Sensibles aux accusations de dilettantisme, ils se sont fixé pour but de mettre en place une procédure détaillée permettant l'intégration des perspectives et des savoirs disciplinaires. Ils pensent pouvoir ainsi améliorer l'efficacité des travaux académiques dans la réponse qu'ils apportent aux problèmes sociétaux. Voilà que la méthode, ce faux signe de la disciplinarité – « faux » dans le sens où aucun philosophe des sciences n'a jamais pu définir la méthode scientifique autrement que comme du bon sens bien ordonné – devient un point central de l'interdisciplinarité.

C'est purement et simplement une imitation éclatante de la disciplinarité. Petit à petit, sans rire, les interdisciplinaires ont enfilé tous les accoutrements d'une discipline : le corpus bibliographique canonique, les conférences de spécialistes, les revues et les associations ; des programmes sanctionnés de diplômes ; et même des départements autonomes. Pour la grande majorité de ces chercheurs tout ceci est un cheminement normal, tacite, inconscient même, qui n'est pas de nature à soulever quelque questionnement conceptuel que ce soit. Ainsi va la recherche académique en général. Rares sont ceux qui sont aussi explicites que Gabriele Bammer, dont le but avoué est de faire de l'interdisciplinarité une nouvelle discipline (Bammer, 2013). Implicite ou explicite, la tendance actuelle est de pousser à la création de cette nouvelle discipline regroupant tous les spécialistes dont l'expertise consiste à analyser les moyens de faire communiquer les disciplines entre elles, de permettre leur intégration, et de communiquer avec la société.

Un autre modèle est possible. Cela arrive lorsque le chercheur interdisciplinaire retourne à la vie sauvage en se libérant de la plupart de ses attaches disciplinaires. Il s'agit d'une démarche entrepreneuriale qui nous fait fonctionner avec une liste évolutive de partenaires – sans précipitation, il faut instaurer expérience et confiance – et qui nous ramène de temps en temps vers notre communauté de référence, pour nous tenir au courant des idées nouvelles et recruter des camarades d'aventure. Par exemple, travailler plusieurs années sur les questions relatives à la gestion de l'eau dans le Colorado, en partenariat avec des géologues, des hydrologues, des responsables des politiques publiques, des investisseurs. Lorsque les travaux touchent à leur terme, rejoindre un groupe de citoyens mobilisés contre la fracturation hydraulique. Ce type de projets peut prendre entre six mois et quatre ans.

Tous les chercheurs peuvent choisir cette démarche. Il est frappant de constater que les philosophes – ils devraient être la grande tribu des interdisciplinaires, ceux qui ne cessent d'invoquer Socrate leur saint patron – rechignent à mener leur vie philosophique : être présent dans l'agora, penser les questions philosophiques *in situ* et *in media res*.

Les débats interdisciplinaires ont généralement lieu lors de l'examen d'études de cas. Ces études de cas, plus proches en réalité de la recherche transdisciplinaire qu'interdisciplinaire, sont décrites comme la manifestation de l'attachement sincère de l'interdisciplinarité aux réalités de notre monde. Voici pourtant qu'un phénomène étrange se produit : l'étude de cas devient l'illustration d'un point théorique au lieu d'être au centre des recherches. Par déplacement, le point central n'est plus de traiter un problème particulier du monde extérieur, mais de dénicher la preuve validant un point théorique intéressant la communauté de référence des interdisciplinaires.

Pas de procès en légitimité ici, les deux démarches se justifient. J'entends toutefois souligner encore la force de gravitation exercée par la disciplinarité. Cet exemple : lors d'une conversation avec un éminent chercheur en interdisciplinarité, alors que nous cherchions les moyens de rendre nos travaux plus proches des attentes du grand public, je proposai d'associer les responsables des politiques publiques à nos travaux et à nos délibérations. Sa réponse : « Non, pas ça. On serait obligés de descendre à leur niveau ».[5]

Ainsi, la communauté des interdisciplinaires évolue en pistant le développement des domaines qui ont cherché avant eux à bouger les structures disciplinaires. Voyez le domaine des études de science et de technologie (Science and Technology Studies, STS). Depuis son apparition dans les années 1960, il s'est régulièrement rapproché du statut de discipline. Ce virage a été largement débattu, parfois dans les termes schismatiques de STS « Haute Église » contre STS « Basse Église » – les premiers souhaitant devenir une discipline à part entière (Jasanoff, 2010). Les efforts engagés pour rester « Basse Église », comme le programme STS de Penn State, ont souvent été minés par le manque de financements et de postes de chercheurs.

Même trajectoire pour le domaine de l'éthique appliquée. L'éthique environnementale, née dans les années 1970 de la volonté de répondre à des problèmes environnementaux urgents, est devenue au fil des ans de plus en plus ésotérique. Pour participer aux débats il fallait être un auteur reconnu. Ceci explique peut-être pourquoi Eugene Hargrove, premier directeur de publication de *Environmental Ethics*, signa un éditorial 25 ans après la création de la revue en 1979, intitulé « What Went Wrong ? Who's to Blame ? » (Hargrove, 2003). Ce texte reprenait les termes d'un précédent éditorial publié en 1998, dans lequel Hargrove déplorait le peu d'impact des travaux d'éthique environnementale sur les sciences environnementales comme sur les politiques publiques. Son explication : l'économie environnementale a occupé l'espace qui aurait dû être celui de l'éthique. À aucun moment Hargrove n'envisage que l'éthique environnementale ait pu se transformer en îlot disciplinaire, ni que *Environmental Ethics* ait rompu avec son projet d'être une « revue interdisciplinaire ».

Le cas de la bioéthique apparaît comme une exception dans ce mouvement de capture disciplinaire. Voilà un domaine qui a veillé avec soin à son statut institutionnel, comme à

5. J'avais pensé insérer ici une étude de cas choisie dans mes (et nos) travaux en inter et transdisciplinarité : j'ai choisi de ne pas le faire, pour ne pas citer une étude, la rendant exemplaire, quand en citer plusieurs alourdirait la structure de cet ouvrage. Pour en savoir plus sur nos études de cas, voir Briggle (2012), Frodeman et Briggle (2012), Holbrook et Frodeman (2011) et Frodeman (2003).

la place qu'il devait occuper dans la société (par exemple Ackerman, 1980). On peut sans doute l'expliquer par le fait que la bioéthique s'est constituée à partir de plusieurs disciplines (philosophie, médecine, droit, science infirmière, science politique, sociologie, théologie, et autres) là où l'éthique environnementale fut dans ses grandes lignes une extension de la philosophie seule.

En 1973, dans son article « Bioethics as a Discipline », Daniel Callahan affirme que le devoir de la bioéthique devrait être d'apporter des réponses concrètes à ceux qui posent des questions concrètes :

> Il faudrait concevoir la discipline de la bioéthique, et former ainsi ses spécialistes, de telle sorte qu'elle soit directement au service – et tant pis pour l'élégance disciplinaire – des soignants et des biologistes dont la position exige qu'ils prennent des décisions concrètes. (2007 [1973], p. 21)

D'après Callahan, les bioéthiciens devaient choisir entre deux attitudes pour résoudre les problèmes de communication avec les scientifiques et les médecins. Soit ils « se bornaient aux conceptions philosophiques classiques de la... rigueur » et persistaient à « grommeler contre l'absurdité et la stupidité » de leurs collègues non-philosophes, soit ils optaient pour une conception extra-disciplinaire de la rigueur :

> Non pas une forme de passivité ou d'opportunisme produite par une pensée superficielle, mais le sentiment que le type de rigueur dont a besoin la bioéthique pourrait bien être différent de celui habituellement requis pour les disciplines scientifiques ou philosophiques traditionnelles. (2007 [1973], p. 19)

Nous reviendrons plus loin sur cette question de la rigueur chez Callahan.

Ne vous y trompez pas : l'histoire de la capture disciplinaire n'est pas le récit de simples ratages individuels. Il y a une logique à l'œuvre. Penser de façon cohérente exige un travail soutenu et une compréhension fine de la littérature savante. Le développement d'une communauté de référence est inévitable et, dans une certaine mesure, salutaire. Par nature, malheureusement, la communauté a tendance à exclure ceux qui n'en font pas partie. La question devient : comment et jusqu'à quel point est-il possible de contrecarrer ce processus ? – et aussi : que nous apprend ce processus épistémique et politique naturel de la fonction sociale du savoir et de la relation entre expertise et démocratie ? D'après moi, la partie cachée du message de l'interdisciplinarité est qu'elle est le révélateur des limites du savoir dans sa capacité à répondre aux attentes de la société.

LA QUESTION DE LA MÉTHODE

Les étudiants interdisciplinaires se répartissent en deux groupes. Le groupe dominant s'intéresse principalement aux questions de méthode, de technique, de codification. Les autres, moins nombreux, considèrent l'interdisciplinarité comme un outil de critique culturelle. Ces dernières années[6], le clivage est devenu plus saillant grâce aux travaux d'un petit groupe de philosophes qui se sont intéressés aux aspects philosophiques de l'interdisciplinarité (Hoffman, Schmidt et Nersessian, 2013).

Il existe une grande variété de méthodistes interdisciplinaires. Les positions les plus tranchées sont peut-être celles portées par William Newell, l'un des membres éminents

6. Même si les travaux de Steve Fuller remontent à plus de 20 ans (notamment Fuller, 1993).

de ce groupe. À l'en croire, depuis 1990 l'université a répondu à la plupart des questions soulevées par l'interdisciplinarité. Sa définition des études interdisciplinaires, « un processus permettant de répondre à une question, de résoudre un problème, de traiter un sujet trop vaste ou trop complexe pour être adéquatement abordé par une profession ou une discipline seule. » (Klein et Newell, 1996), présuppose que les disciplines sont des entités épistémiques cohérentes, enracinées dans la nature des choses.

Dans un essai publié en 2007, Newell propose une grille séquentielle s'appliquant à l'approche interdisciplinaire des problèmes complexes.

Les étapes d'un travail de recherche interdisciplinaire

Définition des perspectives disciplinaires

1. Définir le problème (question, topique, sujet)
2. Déterminer les disciplines concernées (y compris les interdisciplines et les écoles de pensée)
3. Constituer en groupe de commande les concepts, les théories et les méthodes utiles de chaque discipline
4. Rassembler tous les savoirs disciplinaires utiles
5. Étudier le problème dans la perspective de chaque discipline
6. Générer les problématiques disciplinaires du problème

Intégration des problématiques par la construction d'une compréhension étendue

7. Identifier les problématiques conflictuelles en utilisant les disciplines pour éclairer les hypothèses des uns et des autres, ou pour trouver des concepts différents avec des significations communes, ou bien avec des significations différentes, permettant de formuler les problématiques en question
8. Évaluer hypothèses et concepts dans le contexte d'un problème spécifique
9. Résoudre les conflits en déterminant hypothèses et vocabulaire communs
10. Créer un terrain commun
11. Identifier les corrélations (non-linéaires) entre les variables étudiées par les différentes disciplines
12. Construire une compréhension nouvelle du problème
13. Produire un modèle (métaphore, thème) capable d'englober la nouvelle compréhension
14. Tester la compréhension en tentant de résoudre le problème

La liste de Newell est stipulative : alors qu'elle demande aux factions en guerre de « se réunir pour trouver un terrain d'entente par-delà leurs différences », elle laisse le gros œuvre en jachère. Quant au premier point de la liste, il ignore que la définition d'un problème est une question axiologique, souvent irrémédiablement politique, excluant toute forme de réponse neutre, et que des apports théoriques supplémentaires peuvent être nécessaires avant d'inviter les gens à « définir le problème ». Newell ne prend pas non plus en compte les aspects concrets de temps et d'argent qui interviennent dans l'organisation et le déroulement des projets interdisciplinaires.[7]

Engagée dans une démarche similaire, Gabriele Bammer publie en 2013 un long ouvrage – intitulé sans ambiguïté *Disciplining Interdisciplinarity* – décrivant la marche

7. Allen Repko (2008), un confrère de Newell qui partage son point de vue, parle de « tracer une procédure de recherche point par point basée sur la littérature savante concernée » et de proposer « une *check-list* prête à l'emploi pour que les étudiants puissent évaluer les recherches précédentes ».

à suivre pour faire de l'interdisciplinarité une discipline. Son objectif est louable : « Comment la recherche universitaire peut-elle améliorer sa contribution à la résolution de problèmes comme l'accroissement de la pauvreté dans le monde, le réchauffement climatique, l'augmentation des dépenses de santé, la lutte contre le crime organisé, et ces myriades de problèmes cruciaux auxquels sont confrontées nos sociétés ? » Sa réponse : en mettant au point une méthode de résolution par association des disciplines,

> il n'existe aucune méthodologie établie, reconnue par la communauté internationale. Nous n'avons pas défini de procédures standardisées permettant de décider, par exemple, quelles disciplines associer, quel sera l'apport de chacune, et comment les différentes avancées seront combinées. (Bammer, 2013)

Bammer propose la création d'un nouveau domaine, les sciences de l'intégration et des stratégies d'exécution (Integration and Implementation Sciences, I2S) dont le fonctionnement serait calqué sur celui de la statistique.

Bammer admet que son projet implique à la fois des éléments institutionnels et théoriques. Sur le plan théorique, l'I2S est une architecture de trois « domaines » combinés à l'intérieur d'un cadre en cinq points. Les domaines sont :

- synthèse du savoir disciplinaire et du savoir des investisseurs ;
- compréhension et gestion des différentes inconnues ;
- réalisation de travaux de recherche intégrée, en appui aux changements de pratiques et aux politiques publiques.

Puis les trois domaines sont encadrés par cinq questions :

1. Quels sont les objectifs de la recherche intégrative et qui sont les bénéficiaires ?
2. De quoi la recherche traite-t-elle, c'est-à-dire quelles sont les connaissances à synthétiser, quelles sont les inconnues prises en compte, quelles sont les politiques et les pratiques à cibler ?
3. Comment la recherche intégrative est-elle mise en œuvre (les savoirs synthétisés, les différentes inconnues prises en compte et gérées, les solutions proposées), par qui et quand ?
4. Quelles sont les circonstances susceptibles d'influer sur la recherche intégrative ?
5. Quel est le résultat de la recherche intégrative ?

À l'instar de Newell, Bammer cherche à déterminer en ensemble uniforme de questions applicables à toutes les situations interdisciplinaires possibles. Parallèlement à son travail théorique, elle en appelle à un effort mondial du type Projet Génome Humain ou projet Manhattan afin de collecter et d'analyser les données de milliers de travaux de recherche interdisciplinaires, pour en dégager « concepts, méthodes, modèles. » Certes, une telle entreprise pourrait donner des résultats positifs – pour peu que Bammer et ses collègues réussissent à faire décoller la fusée. Cependant le positif a peu de chance de se trouver là où elle l'imagine. Non pas dans la construction d'une méthodologie interdisciplinaire, mais dans le partage d'un riche foisonnement de perspectives et de démarches intuitives qui ont été conduites au cas par cas.

Ce point a été examiné par Wolf Krohn (2010). Il part d'une question épistémique : dans quelle mesure les travaux inter et transdisciplinaires sont-ils une série de recherches ponctuelles résistant à toute généralisation ? L'hétérogénéité des projets inter et transdisciplinaires interdit-elle toute codification ?

Pour analyser l'interdisciplinarité, Krohn utilise deux approches, la première classiquement humaniste, l'autre scientifique. Suivant Windelband, il les nomme idiographique et nomothétique. L'approche idiographique est décrite comme humaniste par sa volonté de saisir chaque cas particulier dans sa spécificité, quand l'approche nomothétique a une orientation scientifique, car elle perçoit le particulier à travers le prisme du général et cherche à définir des abstractions normatives. C'est évidemment une distinction idéale. L'exemple de la géologie montre une forte tendance idiographique : selon toute vraisemblance nous essayons de comprendre les caractéristiques spécifiques de la formation du Grand Canyon au lieu de déterminer les règles de la formation d'un canyon en général. De même dans le cas du changement climatique, nous cherchons à comprendre ce qui est en train de se passer sur notre planète aujourd'hui au lieu de valider des modèles climatologiques applicables aux planètes en général.

D'après Krohn, la démarche interdisciplinaire penche nettement vers l'idiographique. Il rejoint sur ce point Gibbons *et al.* (1994) qui insistaient sur la nécessité de développer des compétences interdisciplinaires. Krohn ne rejette pas l'idée qu'on puisse acquérir ces compétences, et les transmettre à d'autres, mais la recherche de principes généraux est sans grande valeur :

> Un historien spécialisé dans la naissance des États-Unis d'Amérique ne cherche habituellement pas à devenir un spécialiste de la naissance des États en général. Sa réputation vient de ce qu'il connaît tout de ce cas particulier et qu'il est capable d'en donner une lecture originale et inattendue. S'il s'attachait à analyser la naissance d'autres États – l'Empire romain, le Brésil, l'Union européenne – aucune analyse de détail, aucun schéma interprétatif, vrai pour l'un ne serait applicable à l'autre. (Krohn, 2010)

Krohn pousse peut-être un peu loin le bouchon. Un exemple : les compétences acquises par le chercheur interdisciplinaire, au contact d'une grande variété d'investisseurs impliqués dans des projets de restauration environnementale, pourraient se révéler très utiles pour mener à bien d'autres projets de ce type, mais aussi dans d'autres cadres, comme les études d'urbanisme. Ceci étant, l'axe central de Krohn est solide.

On retrouve la thématique de Krohn chez d'autres chercheurs, dans des contextes variés. Dans *La Pensée sauvage* (1962), Lévi-Strauss utilise la métaphore du « bricolage » pour décrire le phénomène consistant à réutiliser des matériaux anciens pour résoudre des problèmes nouveaux, un processus empirique fait d'essais, de tentatives, de tâtonnements. Foltz (2000), lui, décrit la pensée comme une forme de reconnaissance, une quête théorique semi-organisée qui n'impose pas une structuration interprétative du monde.

Les travaux de Foltz sont influencés par Martin Heidegger, rarement cité comme étant un penseur de l'interdisciplinarité, alors qu'une grande partie de son œuvre est une critique de la disciplinarité. Du point de vue de Heidegger, la méthodologie n'est d'aucune utilité dans la quête de la vérité – un point largement admis par les philosophes analytiques de la science, qui ont abandonné l'idée de cerner les contours d'une méthode scientifique.

Chez Heidegger, l'application d'une méthodologie est une forme de brutalité théorique qui ne tient aucun compte de la spécificité d'un événement. L'application d'une méthode force une situation donnée à entrer dans une norme préétablie, au lieu de permettre à cette situation de créer elle-même sa propre grille évaluative. Le méthodisme est une méconnaissance profonde de la nature de la pensée, qui est à la racine une forme de questionnement.

> Les mots sont autre chose que des termes, ainsi ils ne sont pas comme des seaux ou des barils avec lesquels puiser un contenu qui n'y est pas. Les mots sont des sources qu'il nous faut prospecter, creuser encore et encore, elles peuvent facilement se perdre sous terre, mais jaillir aussi, parfois, quand on s'y attend le moins. (Heidegger, 1934, cité par Babich, 2013)

Dans certaines situations, les enjeux politiques peuvent être très importants, par exemple en termes de coûts ou de protection de l'environnement. Parfois un héritage culturel est en péril, ou bien c'est un dossier qui a des implications religieuses très sensibles. La liste de Newell – « définir le problème », par exemple, ou « déterminer les disciplines concernées » – n'est pas absurde; répondre à un problème précis requiert des moments d'introspection sur des sujets comme ceux qu'il mentionne, mais un chercheur voulant établir une perspective interdisciplinaire pour traiter un problème doit être capable de faire davantage que lister des propositions. Les collaborations interdisciplinaires demandent de la nuance psychologique, rhétorique et politique.

Bien que partisans de la voie méthodologique, O'Rourke et Crowley (2012) ont mis en place un atelier capable d'explorer le subconscient des participants. Sous le titre de « Projet boîte à outils » (Toolbox Project), ils ont animé aux États-Unis plus de 100 ateliers aidant les équipes participantes à cerner en quelques heures les présupposés éthiques, métaphysiques et épistémiques contenus dans l'approche disciplinaire de leurs travaux de recherche. Les participants commencent par répondre, avec l'échelle de Likert, à un questionnaire en 34 points répartis en deux sections, « Épistémologie » et « Métaphysique ». Vient ensuite un temps de discussion dirigée, 90 minutes, au cours duquel les participants débattent à loisir de leurs réponses, puis ils remplissent une seconde fois le questionnaire.

Voici un exemple de point, tiré de la section « Épistémologie »

14. La réplication est la condition nécessaire à la validation de la preuve

Pas d'accord				D'accord
1	2	3	4	5

Les ateliers mettent en lumière l'inconscient disciplinaire des participants afin que tous puissent voir les présupposés académiques et les biais à l'œuvre. Le questionnaire est là pour augmenter l'efficacité du travail interdisciplinaire en aidant les participants à mieux se connaître et se comprendre. O'Rourke et Crowley proposent également une approche méthodologique, mais leur méthodologie se transcende elle-même en aboutissant à une démarche introspective et dialectique faite d'ajustements.

Au fil de son étude de la compréhension dans *Être et Temps* (1927), Heidegger souligne un point similaire avec le concept de résonance harmonieuse (*Stimmung* en allemand). Par résonance harmonieuse, Heidegger désigne autre chose que la simple intuition ou sensation; il décrit un mouvement par lequel nous nous ouvrons aux particularités d'une situation afin de nous accorder avec elle. Comme pour l'accordage d'un violon, nous faisons l'effort d'entrer en résonance avec la situation particulière. Nous permettons au cas spécifique d'exister sous sa forme propre. Naturellement, il vient un moment où nous intervenons, apportant notre expérience, nos connaissances, et nous agissons sur la situation. Mais tout travail de réflexion, et particulièrement la réflexion interdisciplinaire, devrait se fonder sur la réceptivité et la nuance rhétorique plutôt que sur des prescriptions méthodologiques.

La compétence interdisciplinaire devient plus une question de personnalité que de méthodologie. Le travail interdisciplinaire requiert le développement d'un ensemble de vertus personnelles – ou pour mieux le formuler, le développement d'un ensemble de vertus personnelles portées à leur point haut. Parmi elles, la capacité de s'ouvrir à de nouvelles perspectives, la volonté de critiquer son propre point de vue, d'admettre ses erreurs et ses absurdités, la générosité avec laquelle on accueille les points de vue et les motivations des autres acteurs. La compétence rhétorique est donc aussi importante que la logique ; nous adaptons notre langage et nous adaptons nos catégories théoriques aux exigences d'une situation donnée. Il ne s'agit pas de relativisme ou d'éthique situationnelle. Ces ajustements doivent permettre la bonne fin des travaux entrepris.

Naturellement, tous les travaux universitaires, la société en général, dépendent de ces vertus. (Leur effacement explique le triste spectacle de tant de discours politiques contemporains.) Elles sont encore plus nécessaires au travail interdisciplinaire. De plus, comme le souligne Aristote, l'exercice des vertus n'est pas un pur travail théorique : les acquérir, c'est leur donner corps par la pratique afin qu'elles nous construisent et nous constituent. Les projets interdisciplinaires exigent donc de la part des participants un investissement psychologique, et même un investissement spirituel.

Ceci étant, même si peu contesteront cette liste de vertus, ou bien la liste des vices correspondants, elle sera probablement accueillie avec des sourires entendus. Parler de « vertus » suppose une analyse purement subjective des interactions humaines. D'où le retour à la bonne vieille idée de méthode, pure et dure.

Quels sont au fond les présupposés de cet attachement à la méthode ? Paul Forman décrit l'allégeance à la méthodologie procédurale comme étant l'une des signatures de la disciplinarité. Il relève l'importance décisive de John Rawls et de sa *Théorie de la justice*, qui fut l'un des ouvrages de philosophie politique les plus importants de ces 50 dernières années :

> Derrière la définition de la justice procédurale chez Rawls, on trouve un axiome implicite plus large selon lequel ce sont les moyens qui sanctifient les fins : non seulement les moyens justes produisent des fins justes, et seuls les moyens justes peuvent produire des fins justes, mais la justesse des moyens est la seule mesure possible de la justesse des fins. (Forman, 2012)

C'est toute la magie du méthodisme : elle nous autorise à mettre entre parenthèses les discussions sur les buts, les finalités, tout en offrant le vernis de l'objectivité au résultat des travaux. Il est vrai que les procédures sont utiles, voire nécessaires lorsque nous avons un grand nombre de cas à traiter, mais le procéduralisme charrie ses propres biais en présupposant qu'une norme s'applique avec justesse à tous les cas d'espèce. C'est particulièrement problématique pour les projets interdisciplinaires, qui sont souvent définis par leur nature singulière. S'accrocher à une procédure à travers laquelle « la justesse des moyens est la seule mesure possible de la justesse des fins » congédie le rôle du jugement. Lorsque la procédure n'est pas tempérée par le jugement, ou la *phronesis*, elle penche vers la tyrannie.

LA RIGUEUR À L'HEURE NÉOLIBÉRALE

On ne servira jamais mieux l'histoire de la science, aujourd'hui, qu'en insistant encore et toujours sur la nécessité d'élever aussi haut que possible le niveau des connaissances.

George Sarton, *Science,* 1918[8]

Faut-il perpétuellement élever le niveau des connaissances ? Si oui, existe-t-il des normes capables de mesurer le point d'excellence, ou faut-il établir des normes variables selon les domaines ?

On pose rarement ces questions. La production des savoirs disciplinaires détermine ce qui est un travail de bonne qualité par référence à des normes internes de l'institution. Des qualités comme l'originalité, des analyses fines et nuancées, une connaissance maîtrisée de la littérature – contenues dans le terme « rigueur » – permettent de définir le niveau d'excellence. Même chose pour la « pertinence » : les chercheurs universitaires appliquent des normes interdisciplinaires pour déterminer quelles recherches sont jugées pertinentes. L'opinion d'un chercheur d'une autre discipline ou l'avis de la société en général sur ces travaux, n'entre pas en ligne de compte.

Comme je l'ai indiqué dans le chapitre précédent, les choses sont en train de changer. Les qualités mentionnées plus haut ne sont pas en cause : elles restent exemplaires, au moins dans une certaine mesure. Mais à l'avenir, elles seront complétées par un ensemble plus large de perspectives nouvelles. Les travaux universitaires sont de plus en plus souvent évalués selon des critères variés, un phénomène qui augmentera avec le temps. L'adoption de critères de jugement dans différents États des États-Unis (en général dans le secondaire, mais pas uniquement), l'inscription par la NSF du critère d'impact extrascientifique pour l'attribution des bourses de recherche, le développement continu des questions d'applicabilité au sens large en Europe occidentale comme aux États-Unis, l'apparition de nouveaux pôles, non-académiques, dédiés à la production des savoirs, et les nouvelles techniques de diffusion et d'évaluation des connaissances ; tous ces facteurs convergent vers une redéfinition du critère de qualité par élargissement des normes disciplinaires.

En tant que communauté, les universitaires ont largement ignoré ces changements[9]. L'une des raisons tient à un trait de l'institution au XXe siècle : la titularisation à vie. Or les titularisations tendent à disparaître du paysage universitaire, avec à peine un quart des postes dans l'enseignement supérieur appartenant à cette catégorie stable et pérenne. Seulement, lorsqu'un chanceux a réussi à décrocher un poste de titulaire, c'est le règne de l'amnésie : on oublie la réalité de cette tendance à la précarité des situations. (Après tout, c'est qu'il a dû être plus malin, ou travailler plus que ses camarades sans emploi.) Lorsque les nouvelles normes d'évaluation se rappellent à leur attention, les universitaires les considèrent comme des coups de force absurdes, une intrusion de points de vue étrangers à la recherche académique, et ils s'y opposent avec vigueur. Puis ils reprennent le cours de leur vie disciplinaire.

C'est une réponse qui procède d'une ignorance épistémologique et d'un aveuglement politique. Ignorer la possibilité et l'utilité de définir des normes de rigueur scientifique

8. Cité dans Forman (2012), p. 62.

9. Les choses commencent à bouger. Alors que la plupart des scientométriciens se concentrent sur la bibliométrie, certains cherchent à développer des systèmes métriques alternatifs, parfois appelés *Altmetrics*. Voir Holbrook *et al.* (2013). De même, Lane et Rogers (2011) notent le développement de différents niveaux de rigueur adaptés aux contextes spécifiques.

renouvelées est la façon la plus sûre de se les voir imposer de l'extérieur. Les universitaires seraient bien inspirés de de s'emparer du projet de tracer de nouvelles lignes directrices – il se peut qu'ils y viennent, d'une façon ou d'une autre – considérées comme une chance pour la recherche, pour de nouveaux critères de qualité, adaptés aux cas étudiés, prenant en compte une approche explicitement pluraliste.

Comme je crains d'être mal compris, soyons absolument clairs. Je ne suis pas en train de dire qu'il faut abandonner, rejeter ou dénaturer les critères d'excellence admis et reconnus par la recherche universitaire. Ils jouent leur rôle, à la place qui est la leur. La difficulté est de « déterminer » cette place dans un cadre sociétal en plein bouleversement, et de laisser du champ au sein de l'institution à des critères alternatifs permettant d'évaluer avec plus de pertinence les travaux inter et transdisciplinaires.

Des questions comme, quelles sont les observations à chaud qu'un hydrologue peut faire à un comité de pilotage ? Ou, comment un philosophe peut-il en vitesse, sous pression, relever les complexités éthiques contenues dans la science du climat ? De telles questions combinent les vertus disciplinaires habituelles, plus un mélange de qualités comme la réactivité, une habileté rhétorique, et une conscience des contraintes de coût. Savoir correctement cadrer un débat éthique en fonction de la situation rhétorique à laquelle nous sommes confrontés, devrait être considéré comme une qualité dans un parcours et une carrière universitaires, au lieu d'être un handicap, et devrait être perçu comme une qualité complémentaire au savoir-faire disciplinaire, non comme un défaut. À côté du travail disciplinaire, les universitaires devraient imaginer ce que devient le concept de rigueur dans une perspective inter ou transdisciplinaire. Ce questionnement pourrait être perçu comme un point théorique d'intérêt, avec comme avantages supplémentaires d'aider les chercheurs à préserver une partie de leur autonomie, de leur autogouvernance, et à trouver de nouveaux débouchés professionnels.[10]

Ces débouchés sont bien réels, à l'instar du danger de voir les nouvelles normes inter et transdisciplinaires se transformer en cheval de Troie de l'agenda néolibéral. Étendre notre conception de la rigueur à des critères plus-que-disciplinaires pourrait aussi détruire l'intégrité de la vie universitaire. Les universités perdraient leur fonction critique, réduites à de vulgaires organes de marketing. Précisons une fois encore : considérer les universités comme un élément du marché, c'est se tromper de catégorie. La vie universitaire ne peut se réduire au schéma producteur-consommateur, ne serait-ce que parce que nous nous engageons dans la recherche, nous entrons à l'université pour nous « éduquer », pour « transformer » notre esprit, nos centres d'intérêt, nos désirs. C'est la différence entre une éducation libérale et une éducation technique. Il s'agit donc de trouver un juste équilibre entre l'attention aux demandes de la société au sens large, et le soin porté au travail universitaire. Il faut mener un travail constant de réévaluation, c'est une tension qui ne peut se résoudre dans une seule direction. Normes, perspectives disciplinaires et extra-disciplinaires se complètent les unes les autres.

Les propos de Terri Ginsberg doivent résonner ici comme signal d'alarme : depuis la fin de la guerre froide, le domaine des hautes études régionales (comme les études russes, les études extrême-orientales) a perdu de sa force critique au profit d'une orientation nettement plus pragmatique et utilitariste, à disposition du complexe militaro-industriel

10. Pour revenir sur un point précédent : les Harvard et les Stanford du monde entier échapperont peut-être à cette évolution, mais pour la grande majorité des établissements publics elle sera on ne peut plus réelle.

(Ginsberg, 2011). Steve Fuller a analysé de quelles façons la logique du marché appliquée au monde universitaire dévoie la fonction première de l'université. Il met notamment en garde contre la tentation de défaire le lien, décrit par Humboldt, entre production (la recherche) et consommation (l'enseignement), ce qui entraînerait la destruction de l'université traditionnelle (Fuller, 2009).

En 1918, l'appel de Sarton en faveur d'une constante élévation du niveau des connaissances faisait sens dans le contexte de l'époque. Mais aujourd'hui ? Les limites de la rigueur disciplinaire semblent passer complètement inaperçues. Dans l'introduction de son essai *The Future for Philosophy* (2006), Brian Leiter, philosophe à l'université de Chicago (et professeur de droit) trouve la question tellement évidente qu'il la place entre des parenthèses rhétoriques :

> (Quel « camp » de philosophes pourrait d'ailleurs bien défendre l'idée de moins de précision dans l'analyse, de moins de profondeur dans l'argumentation ?), (Leiter, 2006).

D'après Leiter – qui résume la sagesse communément admise par l'institution – la rigueur ne connaît pas de défaut et il n'y a aucun prix à payer, financier ou autre, dans la quête de cet idéal. C'est ainsi que tout au long du XXe siècle, les chercheurs ont été formés dans la reconnaissance de la rigueur comme valeur absolue et en expansion continuelle. Dans le monde au sens large nous sommes perpétuellement confrontés à des conflits de valeur : liberté contre sécurité ; devoir de solidarité et culture de l'assistanat ; plaisirs de la vie et forme physique. Pas dans le monde universitaire. On admet les contraintes de temps et de budget, bien entendu, mais elles sont traitées comme de regrettables perturbations dans l'ordre normal des choses, au lieu d'être accueillies comme deux aspects légitimes, voire salutaires, d'un projet de recherche.

La quête de la rigueur disciplinaire a produit un nombre toujours croissant de domaines de spécialisation. Forman défend l'idée que ce processus est piloté par ce qu'il appelle le concept clé de la sociologie :

> « l'hypothèse selon laquelle il existe un mouvement naturel et incontournable de différenciation fonctionnelle des rôles sociaux, culturels, professionnels, qui produit des institutions toujours plus autonomes opérant selon des critères fonctionnels toujours plus élevés » (Forman, 2012).

Inévitablement cela s'est fait au prix de l'intérêt pour les questions sociétales au sens large. Pas de dialogue avec ceux qui n'appartiennent pas au cercle étroit de l'expertise. Les recherches en temps réel, les préconisations, sont faites en pure perte lorsqu'elles ne coïncident pas avec le calendrier des usagers et de leurs besoins. Or c'est précisément le point qui avait provoqué une demande plus insistante pour des approches inter et transdisciplinaires dans la production des savoirs.

Le processus par lequel l'expertise sape la prise de décision démocratique ne constitue qu'un volet de l'histoire. Nous vivons une époque de progrès technoscientifique permanent – ce qui nous fait souvent perdre notre calme, soit dit en passant – issu pour une grande part de créations de connaissances. Notons deux points importants.

Premier point, le fait qu'une idée de laboratoire aboutisse parfois à un produit commercialisable sert de paravent à un grand nombre de recherches dont la valeur extra-disciplinaire est nettement plus discutable. Depuis Vannevar Bush, il est généralement admis que cela fait partie de la nécessaire « sérendipité » attachée à tout travail de recherche – même si nous pouvons multiplier les exemples de recherches engagées à partir des applications voulues, à commencer par le projet Manhattan.

Deuxième point, nous sommes face à une curieuse définition du terme « succès ». Actuellement aux États-Unis 5,7 millions de personnes travaillent dans le secteur des transports, chauffeurs routiers, chauffeurs de taxi, employés de FedEx ou d'UPS. Selon certaines prévisions, d'ici 2025 un nombre considérable de véhicules sans chauffeurs seront en circulation. La mise au point du véhicule sans chauffeur sera certainement décrite comme un succès – alors qu'on peut imaginer de quel œil les chauffeurs au chômage regarderont ce triomphe. On définit le succès de façon globale, et le coût supporté par un groupe ou un autre est perçu comme une regrettable conséquence du progrès. Une forme particulière d'impuissance technologique : nous avons la puissance de concevoir de nouvelles technologies, nous n'avons pas celle de contrôler ses effets.

Si l'on reconsidère la rigueur, il faut aussi repenser la nature de l'expertise. Alors que la littérature consacrée à ce sujet est de plus en plus fournie (par exemple Crease et Selinger, 2006), on y voit nulle part débattue la question de savoir si la culture académique a perdu tout sens des proportions et si elle n'est pas en train de viser un niveau d'expertise excessif. Que l'expertise soit une valeur désirable est une vérité admise ; à nous la tâche d'en amortir les aspects négatifs. On a porté peu d'attention à la manière de composer entre des valeurs parfois conflictuelles, savoir technique, accessibilité, contraintes de coûts et de temps.

L'orientation de la pensée disciplinaire est verticale. La voie de la connaissance est en forme d'entonnoir : on emploie souvent l'image d'un tuyau pour décrire le savoir disciplinaire, mais par souci de précision il faut souligner qu'il se rétrécit à mesure que l'on progresse dans la connaissance. Au lieu de mesurer la profondeur, pourquoi ne pas élargir le cadre ? Traiter le savoir en fonction de l'espace couvert, dessiner les contours de la connaissance par traits larges, plutôt que par traits profonds et étroits ? On pourrait, par exemple, décider qu'être titulaire de trois masters équivaut à un doctorat et ouvre la porte de la recherche comme de l'enseignement. Le manque de connaissances « pointues » serait compensé par la largeur des savoirs et des perspectives.

VERS UNE PHILOSOPHIE DE L'INTERDISCIPLINARITÉ

Celui qui veut accomplir quelque chose de grand doit savoir se limiter.
Goethe, 1802

L'interdisciplinarité est dérivée par nature, car comment parler d'interdisciplinarité avant la création des disciplines. Elles naissent à la fin du XIXe siècle, avec l'apparition des « majors », les matières principales (dès 1869, à Harvard), la division en départements, l'accent mis sur la création de nouvelles connaissances plutôt que sur la transmission de vérités établies, et le mouvement des échanges interdépartements : Forman relève que jusqu'en 1927, 13 des 14 hommes recrutés par le département de physique de Cornell sont des diplômés de Cornell. Le terme même d'interdisciplinarité n'apparaît pas avant 1930 (Calhoun et Rhotan, 2010).

On pourrait faire les mêmes remarques à propos de la philosophie de l'interdisciplinarité. Il y aurait une préhistoire remontant à Platon, puis une longue liste d'interdisciplinaires « avant la lettre », comme Descartes, Hegel, Comte et Dilthey, l'empirisme logique, le mouvement Unity of Science, jusqu'à (et lui compris) Heidegger.

Cependant les travaux de tous ces penseurs ne sont pas nés du *locus classicus* de l'interdisciplinarité – ce bouillonnement critique dans l'enseignement supérieur au cours des années 1960, suivi d'une réorganisation accélérée de la connaissance sous l'impulsion de la révolution de l'informatique et de l'Internet –, ce qui a déplacé de façon décisive la production des savoirs hors du contrôle des universités.

Si on accepte cette définition, les premiers travaux philosophiques explicitement consacrés à l'interdisciplinarité sont les articles d'Erich Jantsch et des autres contributeurs du volume de l'OCDE en 1972, et l'essai de Lyotard *La Condition postmoderne* (1979). À partir des années 1990, de nombreux auteurs ont développé un traitement méthodologique de l'interdisciplinarité, leurs analyses provenant souvent d'expériences menées dans les premiers cycles universitaires. L'interdisciplinarité a donc été présentée et traitée comme une question de pédagogie plutôt que comme une vaste crise culturelle frappant la production des savoirs.

Si aujourd'hui nous avons besoin d'une philosophie de l'interdisciplinarité, et je pense que c'est le cas, cela ne signifie pas pour autant que nous avons besoin de philosophes professionnels pour penser l'interdisciplinarité. Les philosophes académiques, ayant formé leur propre discipline, sont occupés à résoudre leurs problèmes à eux et ils ont souvent un métro de retard lorsqu'il est question de développements culturels récents. Il a fallu attendre 2012 pour lire des points de vue de philosophes sur le sujet, dans un numéro spécial de la revue *Synthese* (Hoffman, Schmidt et Nersessian, 2013). Nous avons besoin d'approches philosophiques critiques à spectre large, capables d'inclure les questions sur l'interdisciplinarité dans un questionnement sur l'avenir de la connaissance et de la culture[11]. C'est ainsi que les vues utopiques du mouvement transhumaniste sur la connaissance de demain vont vraisemblablement gagner en visibilité. Elles sont déjà une des manifestations les plus préoccupantes, pour ne pas dire dangereuses, de l'esprit moderniste dans la société.

Posons maintenant la question, qu'est-ce que l'interdisciplinarité? Nous entendons des réponses positives et des réponses négatives. Du côté négatif, la naissance de l'interdisciplinarité marque la fin de la modernité : la ligne de séparation entre les sphères publiques et une connaissance isolée, la scientifique, détachée de tout autre type de discours, s'efface. L'autonomie disciplinaire disparaît et la connaissance devient un bien commun de la société tout entière, notamment via la diffusion de l'enseignement supérieur par Internet.

Négatif encore, l'interdisciplinarité est accusée de mélanger savoir et politique politicienne, de manquer de rigueur et de saper l'autorité académique. Toutes ces accusations sont justifiées. Sauf que la réponse correcte n'est certainement pas de chercher à redépolitiser le savoir, à gagner en rigueur, ou à consolider l'autorité académique. Les conditions sociales qui pourraient légitimer ces points s'affaiblissent, quand elles n'ont pas purement et simplement disparu.

Du côté positif, la recherche interdisciplinaire est une recherche qui reconnaît l'existence de limites – à la capacité de comprendre, au facteur temps, au facteur argent. Cela pourrait passer pour un aspect négatif de plus, ce serait le reflet du mépris de la modernité pour la notion de limites. Le capitalisme est un système économique dont le prédicat est le dépassement de toute forme de limite. La technologie valide l'hypothèse qu'une

11. On trouvera ce qui s'approche le plus d'une philosophie de l'interdisciplinarité dans le champ de l'épistémologie sociale, notamment dans son expression fullerienne.

autre machine, encore mieux, nous attend au coin de la rue. La culture de la connaissance rejette l'idée d'une philosophie pérenne et promeut la collecte de plus de données, plus d'informations, plus de connaissances.

En dernière analyse, l'interdisciplinarité est un concept environnemental. Bien compris, il est à même de remettre en cause la culture de l'infinité et de la stopper, qu'il s'agisse de l'infinité des possessions matérielles, des désirs ou des connaissances. Un âge postmoderne – si nous sommes capables d'aller jusque-là – serait probablement bâti sur une compréhension écologique du réel, avec la soutenabilité comme maître-mot. Mais vient alors la question suivante : que signifie la soutenabilité dans le champ académique ?

Chapitre 3
Soutenabilité

Dans ce chapitre, je cherche comment il faudrait appréhender le concept de transdisciplinarité – qui est une notion autrement plus précieuse que l'interdisciplinarité pour qui souhaite comprendre la situation dans laquelle nous nous trouvons aujourd'hui. Ce faisant, mon argumentation emprunte certaines notions à l'écologie et j'explique pourquoi la soutenabilité devrait devenir la clé de voûte de la transdisciplinarité. Ce chapitre montre enfin que la dimension principale de la transdisciplinarité, en tant que coproduction de savoirs, implique nécessairement la reconnaissance d'une limitation à la production de savoirs – idée repoussoir lorsqu'on défend le *statu quo* à l'université.

LES CYBERBLATTES

En novembre 2013, les jeunes bricoleurs ont eu la possibilité de créer un cyborg grâce à une société baptisée RoboRoach™ (*RoboBlatte*). Pour 99 $ les enfants peuvent acheter un kit contenant des électrodes et un sac à dos miniature. Une fois la blatte immobilisée dans un bain d'eau glacée, l'enfant n'a plus qu'à coller à la super-glu l'équipement sur les antennes et le dos de l'insecte; à partir d'une application sur son smartphone, l'enfant contrôle à distance les mouvements de la blatte.

Au bout de quelques minutes, les blattes s'adaptent aux impulsions électriques et retrouvent leur autonomie. RoboRoach assure que l'opération est sans séquelle pour les blattes, bien qu'il faille leur couper les antennes. À la fin de l'expérience, les enfants peuvent récupérer l'équipement – à condition d'attraper les blattes.

RoboRoach vend son kit comme un outil pédagogique permettant de comprendre le fonctionnement neurologique de l'homme : les neurones des blattes et des humains ont un comportement voisin. La firme explique que cette expérience permet au jeune de développer son intérêt pour les sciences qui traitent des troubles neurologiques, comme la maladie de Parkinson. À moins que ces scientifiques en herbe sachent enfin répondre à l'éternelle grande question : comment faire pour contrôler nos enfants?

LA TRANSDISCIPLINARITÉ COMME SOUTENABILITÉ

Pour un savoir soutenable est une analyse de la production des savoirs académiques passée, présente et future articulée autour de quatre thèmes : disciplinarité, interdisciplinarité, transdisciplinarité et dédisciplinarité. Les deux chapitres précédents ont décrit l'âge de la disciplinarité et exploré les enjeux réels des débats continuels qui agitent l'interdisciplinarité. Nous abordons ici la question de la transdisciplinarité.

On observe souvent comme un glissement entre la définition technique et l'acception commune du terme. Par commodité j'ai presque toujours utilisé le terme « interdisciplinarité » au sens large pour désigner ce sentiment largement partagé que la production des savoirs doit évoluer si elle veut répondre à des besoins nouveaux. Par souci de précision il faudrait réserver « interdisciplinarité » pour qualifier les changements au sein de l'institution, et « transdisciplinarité » pour nommer les efforts visant à franchir les murs de l'institution et à développer la coproduction de savoirs associant acteurs académiques et non-académiques. Voici donc venu le moment transdisciplinaire, qui marque la fin de l'ère du contrôle par les pairs et rend possible un véritable changement de paradigme.

J'ai conclu le dernier chapitre en proposant des termes environnementaux à même de recadrer les débats autour de l'interdisciplinarité. J'y insistais sur le fait que l'interdisciplinarité est essentiellement la reconnaissance de la notion de limites, et que cette notion est à la racine de la pensée environnementale. L'environnementalisme recouvre des aspects très variés, mais l'un de ses points fondamentaux est la nécessité d'agir sur nos désirs et nos comportements pour nous permettre d'atteindre un état de stabilité sociale et écologique. L'environnementalisme est donc une profonde remise en cause du capitalisme et de toutes les philosophies de la croissance infinie.[1]

Lorsque j'exprime l'interdisciplinarité en termes de limites, je suis déjà en train d'aborder la question de la transdisciplinarité. Lorsque les chercheurs sortent dans le monde, ils s'aperçoivent très vite que s'agissant de nouveaux savoirs, la plupart des gens ont des besoins très limités et très spécifiques. En développant ce point, ce chapitre sera articulé autour de la notion centrale de soutenabilité. D'où le titre même du chapitre, « Soutenabilité ».

Ce chapitre étend le débat sur la soutenabilité à l'idée que l'ère inter et transdisciplinaire devra nécessairement rendre soutenable la production des savoirs. L'ancien régime épistémologique dans lequel nous avons vécu, qui fut celui d'une production de savoirs infinie, largement livrée au laisser-faire, pose de nombreux problèmes. Plus de savoirs peut conduire à des résultats qui sont néfastes pour la santé, coûteux, contre-productifs, non-éthiques, et dangereux. Même sans aller jusque-là, et pour le dire simplement, la plupart du temps nous n'avons pas tellement besoin de connaissances supplémentaires. C'est vrai en premier lieu pour la production des savoirs technoscientifiques, mais ça l'est également pour la philosophie et les sciences humaines, ce que j'examinerai dans le chapitre suivant.

Limiter la production des savoirs : on peut difficilement imaginer une proposition plus repoussante dans le milieu universitaire ! J'ai pu moi-même le constater à chaque fois que j'ai défendu cette idée aux quatre coins du monde. En plus d'être révoltante en soi, la proposition se heurte à l'affirmation que toute limitation à la production des savoirs est une impossibilité pratique évidente. L'argument « impossible » qu'on oppose à toute limitation de la production des savoirs – et qu'on peut qualifier de déterminisme épistémologique – recoupe ce qui est souvent dit de la technologie. Il est impossible d'arrêter le progrès technologique. Les deux affirmations sont clairement fausses. Pour prendre un exemple net et précis, les budgets annuels des National Institutes of Health (31 milliards de dollars) et de la National Science Foundation (7 milliards de dollars) ne sont pas gravés dans le marbre et il suffirait de supprimer ces financements pour que l'effet soit immédiatement mesurable dans la production des savoirs. Naturellement, certains des programmes de recherche trouveraient d'autres sources de financement, mais la plupart disparaîtraient purement et simplement. On continuerait à produire des connaissances nouvelles, mais à un rythme moins soutenu. Les tentatives pour limiter la production

1. Ceci ne signifie pas que l'environnementalisme est opposé à toute forme de croissance. L'économiste de l'écologie Herman Daly défend l'idée d'un état de croissance stationnaire, c'est-à-dire que le progrès et la croissance personnelle et sociétale restent possibles dans un régime stationnaire, à travers la réallocation des ressources et des formes de croissance débarrassées de la consommation.

des savoirs, le développement technologique notamment, ne seraient qu'un demi-succès – à l'instar de ce qui est observé dans d'autres domaines, les lois prohibant le viol et le meurtre, par exemple. Il ne viendrait pourtant à l'idée de personne d'abolir ces lois sous prétexte qu'elles ne sont pas absolument efficaces.

Quant au sentiment de répulsion, je le partage dans une certaine mesure. Le désir de continuer à apprendre et à grandir est, à bien des égards, très louable. Mais la production des savoirs est aujourd'hui devenue pathologique en même temps que non soutenable. La production de connaissances nouvelles ne cessera pas, mais il est nécessaire de contrebalancer ce désir de nouveauté par une meilleure prise en compte des dangers nés d'une production de savoirs lancée tête baissée dans un interminable pêle-mêle. Que celui qui se dit ami de la connaissance sache la préserver de ses propres excès.

Les travaux de Steve Fuller forment ici un contraste intéressant. Dans plusieurs de ses ouvrages (notamment Fuller, 2011) Fuller a cherché à repenser la nature et le rôle de l'État providence confronté à une production de savoirs continue et de plus en plus rapide. Fuller défend l'idée qu'il faut repousser les limites épistémologiques. Il propose, ce sont ses termes, une approche proactive du progrès technoscientifique, et il veut faire porter la charge de la preuve des impacts négatifs à ceux qui désirent freiner le développement technoscientifique. Nous sommes devenus les maîtres de l'évolution ; l'avènement d'une nouvelle version de l'humanité est inévitable – l'humanité 2.0 –, et de fait elle est d'ores et déjà en chantier. Stimulons le progrès et laissons la société dédommager les prises de risque infructueuses et les laissés pour compte de la modernité.

Mon positionnement personnel doit quelque chose à Edmund Burke. Je ne vois pas Burke comme un réactionnaire, je pense qu'il souhaite équilibrer progrès et attention à la nature fragile de l'ordre social. Le but recherché n'est pas une stagnation, mais un progressisme doux et raisonné ne produisant pas ces effets qui mettent à mal les sociétés partout dans le monde. Une partie significative de la société actuelle se sent aliénée et proteste avec aigreur contre des changements sociaux qu'elle ne comprend pas, impulsés par des avancées technoscientifiques incessantes. Les scientifiques, les ingénieurs et tous leurs alliés libertariens n'ont jamais admis la moindre responsabilité dans les réactions fondamentalistes qui se sont multipliées d'un bout à l'autre de la planète.

Ce chapitre a pour but de tracer le chemin reliant la transdisciplinarité à la soutenabilité et aux limites académiques. Le sujet, assez ironiquement peut-être, mériterait à lui seul tout un ouvrage. Je me contenterai ici de poser ces quelques points sur la trame d'une analyse plus générale. « Le vrai est le tout » disait Hegel (1807). J'essaie de livrer une analyse complète des défis posés à la production des savoirs académique, au moins à grands traits.

ANNÉES 1940 : LA TRANSDISCIPLINARITÉ EST À HOLLYWOOD

Dans *Boule de feu*, une comédie réalisée en 1941, le metteur en scène Howard Hawks réinterprète le conte de Blanche-Neige. Cette fois, les nains sont de savants professeurs.

Un groupe d'érudits détachés de toute université partagent une maison à New York. Ils travaillent tous ensemble à la rédaction d'une encyclopédie. Une riche bienfaitrice, exécutrice testamentaire de son défunt père, finance les travaux. Le film débute par une visite de cette bienfaitrice qui prodigue ses pressants encouragements aux professeurs. Les années passent, il faut bien le dire, et nous n'en sommes qu'au milieu de la lettre S (on étudie présentement l'entrée « sexe »).

Hawks, et Billy Wilder son scénariste, ne manquent aucune occasion de faire rire. Le chef du groupe est un linguiste (Gary Cooper). Porté par un désir ardent de connaître toutes les richesses de la langue argotique, il se rend dans un music-hall. Il assiste au numéro d'une pétulante chanteuse et danseuse burlesque, Sugarpuss O'Shea (Barbara Stanwyck, dans une sulfureuse combinaison de Blanche-Neige et de méchante reine). Le babillage incessant de Sugarpuss (« allez quoi vas-y, passe la seconde, m'sieur ») captive notre linguiste. Il se trouve qu'elle est également la petite amie d'un gangster recherché et que la police veut l'interroger à son sujet. Comme elle a besoin d'une planque, elle vient s'installer chez les professeurs.

Conséquence, on s'en doute, c'est le chaos. L'ordre académique est chamboulé par un flot de désirs à sens unique. Sugarpuss, incarnation du principe érotique, met le feu à la logique poussiéreuse des professeurs. Mais elle fait plus que semer le trouble. Elle donne en même temps un cadre et une direction à la vie de ces hommes. Stanwyck offre une fin au cycle sans fin de l'érudition : au lieu de parachever leur encyclopédie, les professeurs supervisent le mariage du linguiste et de la danseuse.

Le récit de Hawks, en même temps qu'il se plie aux conventions du cinéma hollywoodien, réussit à saisir plusieurs points essentiels de l'institution universitaire du milieu du XXe siècle : la rigueur placée au-dessus de toute autre valeur (comme la pertinence sociale, le coût, l'opportunité) et la protection jalouse de l'autonomie académique, avec les contradictions académiques et sociétales qui en résultent inévitablement. Comme le petit monde des professeurs de Hawks, l'institution universitaire du siècle dernier était autonome. Les chercheurs repoussaient toute tentative du monde non-académique d'influencer leurs travaux comme étant la manifestation d'interférences par nature illégitimes.

La résultante fut la production de savoirs disciplinaires, une centrifugeuse produisant de plus en plus de connaissances dans des domaines de plus en plus restreints. *Boule de feu* nous offre une peinture du savoir disciplinaire dans les années 1940 et des contradictions qui le minent. Le film révèle aussi comment les savants peuvent nouer des relations transdisciplinaires – via une pulsion érotique. Il ne s'agit pas d'une simple attirance sexuelle. Dans la philosophie grecque, *eros* désigne le principe du désir en général – ce qui inclut la sexualité, certes, mais aussi le désir de vérité, celui de justice, et donc le désir de connaître l'essence de la divinité. Au cours de la Seconde Guerre mondiale, par exemple, la menace nazie a conduit un grand nombre de physiciens à apporter leur concours à l'effort de guerre. L'un des résultats fut le projet Manhattan qui finalisa la première bombe nucléaire.

Par moment érotique, donc, j'entends le point où la connaissance prend un cadre et une direction, où la production de savoirs a un but et une fin (*telos*, en grec). Notons que « fin » se comprend ici de deux façons : comme un but à atteindre, et aussi comme la conclusion ou l'accomplissement de la production de savoirs. Ceci se démarque de la production de savoirs disciplinaire, qui n'a pas de fin et qui n'est motivée que par une curiosité sans contours, essentiellement infinie par nature. La connaissance disciplinaire prolifère sans fin dans toutes les directions – un phénomène qui a été chanté comme une vertu, lorsqu'on a pris la peine de vouloir le penser. Ainsi, par exemple, on dénombre, pour la philosophie académique, 200 revues savantes en langue anglaise, et pour le sous-domaine de la logique, 60 revues. On trouvera des chiffres comparables pour toutes les sciences dures et toutes les sciences humaines.

La production de connaissances disciplinaires soulève dans son ensemble une question rarement posée : à quel public s'adresse cette masse de matière ? À quelle demande cette réponse répond-elle ? Quels sont les coûts – économiques, sociaux et éthiques – d'une telle prolifération ? Et enfin, cette production de savoirs disciplinaire est-elle soutenable ?

DISCIPLINARITÉ ET PROBLÈME DU *BIG DATA*

Comme je l'ai relevé dans le premier chapitre, nous vivons au milieu d'une explosion de connaissances. Ce flot est généralement perçu comme un fait social salutaire, du moins par la partie production. Nous observons une étrange dissymétrie : les retombées positives de la recherche justifient le maintien de son financement, mais lorsque la connaissance a des conséquences négatives, les producteurs de savoir soutiennent que leurs problématiques et leurs inventions sont par essence séparées des processus sociaux. Les bombes nucléaires ne tuent pas les gens ; ce sont les gens qui tuent les gens, nuance.

Cette masse d'informations reçoit parfois son lot de critiques. David Shenk soutient que nous vivons dans un brouillard de données. La société est passée de la rareté de l'information à l'abondance de l'information, et le résultat est que « l'attention est détournée (dangereusement, parfois) ; les conversations et les fils de la pensée sont coupés ; le scepticisme est court-circuité ; le calme et le silence sont éradiqués » (Shenk, 2007). Dans une veine voisine, Nicholas Carr se demande si Google ne nous rendrait pas stupides. Il craint que la distraction permanente, la possibilité de faire des recherches instantanées, puis de cliquer sur des liens et des liens, ne ruinent nos facultés de concentration et de réflexion approfondie (Carr, 2008). Ces deux auteurs reconnaissent des aspects positifs à la révolution de l'information, mais ils estiment que nous avons perdu la mesure de la juste place de l'information dans notre vie.

Les coûts de la production continuelle des savoirs sont en plus largement sous-évalués. Comme le relevait Don Swanson en 1986, il existe une quantité de connaissances disponibles inutilisées, d'idées nouvelles et de découvertes possibles si l'on met en connexion les connaissances de différents groupes et de différentes disciplines. Swanson, bibliothéconomiste à l'université de Chicago, a utilisé le syndrome de Raynaud pour illustrer comment on peut faire des découvertes importantes en examinant et connectant des connaissances disponibles dans des domaines disparates (Swanson, 1986). Nous gâchons ce que nous savons déjà dans cette course folle à savoir plus. C'est évidemment aussi vrai au sein de chaque discipline, qu'entre les différentes disciplines. Un de mes amis, astrophysicien, a dans son bureau une tour de CD, pratiquement un mètre de hauteur, couverte de poussière, contenant les données d'anciennes missions d'exploration de Vénus. Aucune de ces données n'a jamais été analysée – et ne le sera probablement jamais –, alors que s'accumulent les données fournies par les nouvelles missions.

D'où le problème des mégadonnées, le *big data*. D'accord, il est possible d'écrire des programmes informatiques capables de scanner toutes ces données et d'en extraire des motifs dignes d'intérêt. Mais un programme informatique n'a pas les capacités interprétatives d'un humain et il risque de passer à côté des éléments les plus intéressants. Au cours de l'une des découvertes les plus importantes de la science du XXe siècle, Joseph Farman avait détecté une anomalie dans les données atmosphériques du pôle Sud. Les satellites de la NASA avaient relevé un trou en formation dans la couche d'ozone au-dessus du pôle, mais les logiciels d'analyse des données étaient programmés pour écarter ces données comme étant des artefacts. Or Farman avait analysé les données lui-même – malgré les tentatives de ses supérieurs hiérarchiques pour lui assigner d'autres tâches. L'article publié en 1985 dans la revue *Nature* (cosigné par ses collègues) établissait que la concentration en ozone au-dessus de l'Antarctique avait baissé de 40 % entre 1975 et 1984 (Farman, Gardiner et Shanklin, 1985). L'Environmental Protection Agency américaine (EPA) put établir qu'une telle diminution de la protection contre les rayonnements solaires pourrait se traduire par une augmentation des cancers de la peau à hauteur de 40 millions de cas supplémentaires (Vitello, 2013). Finalement cette découverte aboutit à la signature du protocole de Montréal, un accord international visant à réduire puis à proscrire les substances qui appauvrissent la couche d'ozone.

Notons également que la production de savoirs continue, accélérée, largement livrée à elle-même est non seulement inefficace mais dangereuse. Lors d'une conférence à l'université de Colombia, j'ai demandé à Ray Kurzwell, théoricien transhumaniste, s'il s'inquiétait des impacts négatifs de certaines technologies, nouvelles et puissantes, issues de la recherche scientifique. Il me répondit que les impacts positifs des nouvelles connaissances contrebalanceraient les impacts négatifs « dans un rapport de mille contre un ». Et si le un est assez puissant pour provoquer une catastrophe ? Quelle importance auront alors les mille ? (Pas de réponse.) Comme le soulignait l'informaticien Bill Joy, nous avons eu de la chance que Ted Kaczynski, plus connu sous le nom de *Unabomber*, ait été mathématicien, pas biochimiste. Les nouvelles technologies sympas ne nous serviront pas à grand-chose le jour où un biochimiste nous fabriquera une belle pandémie haut de gamme, scénario déjà exploré par la romancière Margaret Atwood dans *Le Dernier Homme* (2003).

L'augmentation considérable de la quantité de connaissances ajoutée à la croissance exponentielle de leur accessibilité induisent des changements qualitatifs dans la culture du savoir. Les vieux systèmes sont en surchauffe. En 1900, 250 doctorats ont été décernés aux États-Unis ; en 2007, ce sont 50 000 diplômes de niveau équivalent qui ont été attribués (Thurgood, Golladay et Hill, 2006). Dans cet intervalle de temps, la population américaine a été multipliée par deux et demi. Un système conçu sur le principe d'une croissance infinie touche un plafond, voire connaît un reflux. Certaines innovations technologiques comme les MOOC pourraient bien conduire à la disparition de dizaines d'universités. Si savoir c'est pouvoir, quels seront les effets politiques et sociaux induits par cette masse réellement infinie d'informations offerte à tous à partir d'une simple borne wi-fi, quand la plus grande partie du savoir était autrefois posée et rangée dans les bibliothèques des campus universitaires ?

L'idée même de la possibilité d'une pause dans la production des savoirs paraît absolument impensable. Juste ralentir le train de la connaissance, c'est donner à voir un monde à la renverse peuplé d'olibrius, de rétrogrades et de fondamentalistes. C'est proposer une voie qui frappe tout le monde par son caractère gravement réactionnaire et répulsif, quelles que soient les appartenances religieuses ou politiques des uns et des autres. Nos instincts, nos institutions, académiques et non-académiques, sont dédiés à la production de savoirs continue et à son laisser-faire. C'est au fond le corrélat académique de notre système économique qui doit continuer de croître pour rester viable. C'est également le principe de la cellule cancéreuse.

Le rejet des limites reste actif même lorsque la production de savoirs montre des zones d'ombre, lorsque plus de connaissance amène plus d'ignorance. Ces dernières années ont vu apparaître le domaine de l'agnotologie, qui est l'étude de la production culturelle de l'ignorance (Proctor et Schiebinger, 2008). Les agnotologues cherchent à développer un répertoire taxinomique de l'ignorance. Ils relèvent, par exemple, les différentes façons d'écarter certains types de connaissances. Les savoirs concernant les énergies renouvelables sont marginalisés dans une société vouée aux énergies fossiles. Ils décrivent aussi comment des acteurs utilisent le doute pour décrédibiliser certains savoirs, c'est le cas de l'industrie du tabac, par exemple, lorsqu'elle évoque les dangers de la cigarette, ou des compagnies pétrolières face au changement climatique.

Ce sont des cas d'ignorance politiquement déterminés. En ce sens ils ne sont que circonstanciels et on peut y remédier. Le problème est plus complexe dans les cas où l'ignorance est épistémologique et métaphysique par nature, où elle est coulée dans la masse même de la production des savoirs. Comme un ballon de baudruche mis au gonflage, c'est l'accroissement même de la connaissance qui est susceptible de nous élever vers davantage d'ignorance. Un exemple : plus notre connaissance des complexités du système climatique augmente, plus nous découvrons l'existence de variables dont nous n'avions même pas idée (Frodeman, 2013). Les savoirs additionnels vont de pair avec l'accroissement de l'ignorance.

TRANSDISCIPLINARITÉ ET CULTURE DE L'AUDIT

La peinture de l'académie et de la société brossée par Hawks – rebaptisée par le critique Michael Roberts[2] « PasSiBlanche-Neige et les sept nunuches » – reste comme l'une des dernières comédies burlesques de ces années. Le genre fut bientôt supplanté par le film noir, dont la couleur dramatique cadrait mieux avec l'atmosphère post-Pearl Harbor. Si *Boule de feu* représente finement les contradictions de l'université du XXe siècle, le film met aussi en scène de savants professeurs comme des créatures ralenties et hirsutes, un portrait à des années-lumière de nos chercheurs d'aujourd'hui et de leurs vies survoltées. (Au passage, Sugarpuss est elle aussi très datée ; aujourd'hui elle aurait sûrement fait des études supérieures).

Je veux souligner comment l'élan vers la transdisciplinarité a évolué. Les professeurs du siècle dernier n'étaient pas confrontés à la culture de l'audit qui règne en maître sur la vie universitaire contemporaine. L'apparition de mécanismes du marché néolibéral appliqués à l'institution signifie que les professeurs sont, de plus en plus souvent, tributaires d'un régime qui utilise tous les outils de l'âge de l'information pour discipliner leur comportement (Frodeman, Briggle et Holbrook, 2012). Le programme de leurs cours doit être publié sur les sites web des universités, les évaluations des professeurs faites par les étudiants sont classées et utilisées lors des réunions de recrutement, le recours aux outils bibliométriques pour les titularisations et les évolutions de carrière s'est généralisé. L'usage de différents types de métriques – calcul des index G et H (indicateurs de notoriété des publications), du facteur d'impact de la revue, et autres métriques alternatives, comme le nombre de PDF téléchargés – montre assez clairement que l'institution académique contemporaine est scrutée avec une attention absolument inimaginable autrefois.

Cet ensemble de faits montre l'importance croissante de la transdisciplinarité comme concept central de l'institution contemporaine. Peu importe au fond si peu de gens ont ne serait-ce qu'entendu le mot. L'usage en est plus répandu parmi les chercheurs européens chez qui le terme désigne des approches destinées à rendre les savoirs plus socialement

2. https://filmycks.com.au/films/ball-of-fire/

profitables, comme chez Gibbons *et al.* (1994). Aux États-Unis le terme a une connotation plus outrée, et il est généralement confondu avec l'interdisciplinarité. Il est en tout cas nécessaire de considérer ce vocable, c'est une de ses caractéristiques les plus saillantes, comme un des éléments de la mise en place des métriques de la responsabilité et du développement d'une culture de l'audit. L'évaluation permanente des travaux académiques est un virage majeur : les chercheurs pouvaient parfois tomber sous le charme de Sugarpuss, ils doivent aujourd'hui se soumettre aux implacables exigences de l'ordre bureaucratique.

Il ne s'agit pas de réduire la transdisciplinarité à un vulgaire outil néolibéral au service de la culture de l'audit. Le terme est nettement plus multicouche que cela. Il y a aussi une dimension résolument démocratique à la recherche transdisciplinaire, en ce qu'elle insiste sur la responsabilité de l'institution, qui se doit de produire pour la cohorte disciplinaire mais aussi pour la communauté au sens large. Après tout, nous sommes tous payés par des universités publiques; il n'est pas déraisonnable d'attendre de nous que nous honorions nos obligations vis-à-vis du corps social. Le défi actuel consiste à préserver la nature multicouche de la transdisciplinarité, afin de ne pas la laisser devenir un simple synonyme de « retour sur investissement » économique.

En tout état de cause, l'avenir de la production des savoirs académiques est devenu un sujet brûlant. Au Royaume-Uni, l'Institute for Public Policy Research a publié en 2013 un rapport intitulé « An Avalanche Is Coming » qui présente les termes du débat (Barber, Donnelly et Rizvi, 2013). On y relève une tendance de plus en plus appuyée vers le « dégroupement » des services universitaires, les fonctions normalement intégrées au sein de chaque établissement – recherche, enseignement, certification et administration – étant désormais assurées par des sociétés privées comme Pearson. Pearson, pour ne citer qu'elle, fournit « des solutions en ligne pour la conception des programmes, le marketing et le recrutement, l'assiduité et le succès des étudiants, les services étudiants, » et permet donc la suppression de toute une catégorie d'employés administratifs (ibid. : 42).

On lit dans le même rapport que les cours des premiers cycles seront probablement assurés par les MOOC – les « Calc 101 » et les « Phil 101 » du monde entier –, ces heures d'enseignement étant actuellement, aux États-Unis, confiées à de jeunes chercheurs ou à des assistants. Ce serait la fin de la logique économique justifiant l'existence même de nombreux diplômes universitaires. Bien souvent les universités maintiennent des programmes d'enseignement non parce qu'il existe pour ses diplômés des débouchés viables sur le marché de l'emploi, mais parce que fabriquer des diplômés permet juste à l'université de réduire ses dépenses. Les jeunes diplômés deviennent des travailleurs académiques à bas coût : dans le département où je travaille, Philosophy and Religious Studies à l'université de North Texas, ce sont les jeunes diplômés de l'université qui assurent pratiquement tous les cours des premiers cycles, avec les mêmes charges et les mêmes responsabilités qu'un professeur titulaire mais pour un coût dix fois moindre.

Les conséquences des MOOC ne s'arrêtent pas là : si les diplômés chargés d'enseignement pour les premiers cycles disparaissent, les départements perdent les financements qu'ils reçoivent pour les doctorants et les professeurs perdent une partie de la clientèle estudiantine qui suivait les programmes de doctorat dans leur discipline. Les professeurs se retrouveront coincés entre cours de premier cycle supprimés et doctorats supprimés. On comprend pourquoi les professeurs titulaires ne représentent plus aux États-Unis qu'un quart de tous les chargés d'enseignement.

Ce sont là des signes qui marquent le crépuscule de l'âge transdisciplinaire. Ils nous montrent la faiblesse et l'étroitesse des problématiques sur les approches interdisciplinaires et transdisciplinaires, et sur les questions de méthodologie. Au lieu de traiter inter et transdisciplinarité comme des questions de pure technique, il faut accepter de mener une critique philosophique et culturelle approfondie. Il faut considérer ces notions comme des signaux nous invitant à repenser les fonctions et les institutions du savoir à l'Âge de Google. Les enjeux dépassent largement l'avenir de l'université.

Comme je l'ai indiqué plus tôt, les débats relatifs à la transdisciplinarité et à l'avenir de la production des savoirs doivent être organisés autour d'un cadrage environnemental. La production des savoirs à venir sera nécessairement pensée via le concept de soutenabilité. Pour invoquer encore une fois Hegel, la soutenabilité doit devenir un terme pivot de l'esprit objectif autant que de l'esprit subjectif, de la vie de l'esprit autant que des productions matérielles.

LE PROBLÈME DE LA SOUTENABILITÉ

La notion de soutenabilité présente certaines difficultés conceptuelles. Elle est en fait très chancelante, menacée de disparaître dans le néant. Prenons une définition courante : la soutenabilité consiste à maintenir sur le long terme la possibilité de bien vivre. Chaque élément est ici discutable. La meilleure définition du « long terme » pourrait bien être cette mesure populaire de sept générations, trois avant la présente, et trois après. « Bien vivre » est également délicat à saisir ; dès que l'on se penche sur ce concept, s'ouvre un débat sur ce qui est nécessaire par opposition à ce qui est superflu, sans compter les considérations philosophiques sur la nature de ce qui peut constituer notre « bien vivre ». Dans une ère radicalement pluraliste comme celle que nous vivons, il se pourrait bien que la question soit indécidable – à ceci près que confrontés aux exigences environnementales d'aujourd'hui, il faille bien, un jour ou l'autre, décider.

Les chercheurs définissent usuellement la soutenabilité en combinant des éléments sociaux, écologiques et économiques. C'est une manière de contourner la complexité du terme, qui implique réellement (même si ça ne saute pas aux yeux) des éléments métaphysiques, voire théologiques. Pris au pied de la lettre, le terme évoquerait la quête des transhumanistes qui désirent une espérance de vie humaine proche de l'immortalité. Hors ce cadre, aucun de nous n'est soutenable. Effectivement, nous sommes mortels. C'est également vrai des sociétés (sur une plus longue échelle de temps, heureusement). Ceci devrait nous conduire à penser que ce que nous désirons, jusqu'à un certain point, est en fait l'« insoutenabilité ». Exactement comme il est normal qu'une génération, le temps venu, cède la place à la suivante, les sociétés devraient vider les lieux. En supprimant la mort, nous supprimerions du même coup la naissance – ou alors imaginez l'embouteillage. Le mouvement de l'évolution, culturelle comme biophysique, suppose nécessairement qu'une configuration générationnelle, ou bien sociétale, cède la place une autre.

On pourrait objecter que cela manque de pertinence : il suffit d'ajuster le concept de soutenabilité à l'idée du remplacement générationnel. Mais que devient l'idée de « progrès » ? Après tout, ce qui est perçu comme insoutenabilité d'un certain point de vue, peut bien être considéré comme évolution et progrès de l'autre. Nous désirons de la résilience, je pense, ou bien une relative soutenabilité – de la stabilité sur une certaine période, suivie d'une transition en douceur vers un nouvel état des choses, meilleur si possible. Le problème devient alors de décider ce que nous voulons conserver, ce que nous voulons accroître, et ce dont nous voulons nous débarrasser.

Envisagé selon les termes les plus philosophiques et les plus abstraits, le domaine de la soutenabilité se trouve cadré par les deux concepts de limite et de technologie. Nous nous soucions de soutenabilité car nous craignons de toucher, ou d'avoir déjà franchi, une limite ou une autre, économique, sociale, environnementale. La technologie, de l'autre côté, est comme tirer une carte chance nous permettant de croire que nous avons le pouvoir de créer notre propre voie, libre de toute nécessité d'admettre des limites à nos désirs. Voilà comment Julian Simon et tous les adeptes de la corne d'abondance affirment que l'imagination de l'homme rend absurde toute idée de limite, la créativité étant la ressource inépuisable ultime.

Ces considérations abstraites ont peu de chance de séduire les environnementalistes. Ils se concentrent en général sur certains points précis, comme l'insoutenabilité d'une croissance économique sans fin ou de l'accroissement continu de la population. Le problème est que ce type de préoccupations circonscrites se combinent très facilement. Pour s'en convaincre, il suffit de prendre l'exemple de l'énergie et du changement climatique.

Le jour où le débat sur la question du pic pétrolier (qui est le point de plafonnement de la production mondiale avant son inévitable déclin) a commencé à prendre de l'ampleur, forages directionnels et fracturation hydraulique ont redéfini la question de la soutenabilité des ressources en hydrocarbures. Le gaz naturel disponible par fracturation appartient évidemment à la famille des hydrocarbures, mais ses émissions de dioxyde de carbone sont inférieures de 30 % à celles du pétrole, et de 45 % à celles du charbon, ce qui modifie la donne lorsqu'on parle de soutenabilité des émissions de carbone.

Les États-Unis, qui ont été longtemps un grand importateur de pétrole, sont sur le point d'atteindre leur indépendance énergétique – pas seulement grâce à la fracturation hydraulique, c'est aussi l'effet des mesures de renforcement de l'efficacité énergétique des automobiles (les normes CAFE) prises par le Président Obama). Ne parlons même pas de ce nouvel horizon dans le dossier carbone : les hydrates de gaz. Ce sont des solides cristallins, stables, ayant l'apparence de la glace, enfermés dans le permafrost des régions arctiques et dans les fonds marins. Les quantités d'hydrates de gaz sont tellement considérables – une ressource qui n'est pas exploitée à ce jour – qu'un simple accident pourrait libérer des masses de méthane dans l'atmosphère et provoquer une catastrophe climatique immédiate.

Les innovations technologiques, donc, compliquent à l'extrême la définition de la soutenabilité, quel que soit le domaine considéré. Il ne s'agit pas non plus d'une simple question de ressources disponibles. Si le coût de l'énergie solaire et éolienne baisse, notre utilisation des hydrocarbures devient « soutenable », attendu que dans un futur relativement proche nous laisserions la majeure partie de ces ressources où elles sont, dans le sol.

Pour compliquer un peu plus les choses, l'abondance dans un secteur est susceptible de provoquer la rareté dans un autre. Dans le dossier des hydrocarbures, la perspective d'une nouvelle abondance augmente les inquiétudes relatives à la soutenabilité en termes climatiques. Bill McKibben rejoint les climatologues lorsqu'il note qu'il doit y avoir une limitation réelle des quantités de carbone relâchées dans l'atmosphère si nous voulons réussir à limiter le réchauffement planétaire à deux degrés depuis le début de l'ère préindustrielle (mesure généralement reconnue comme le maximum tolérable par une civilisation contemporaine; McKibben, 2012). Voilà qui doit mettre en relief l'élément hégélien présent dans tout débat sur la soutenabilité, l'abondance conduit à la rareté, et l'infinité dans un domaine dévoile la limite dans un autre.

La technologie pourrait également changer la donne d'une autre façon. Certains misent sur la géo-ingénierie pour échapper à une catastrophe climatique, une approche traitant le réchauffement planétaire comme un défi technique à relever. L'idée serait de réduire le réchauffement en retirant du dioxyde de carbone de l'atmosphère, ou en agissant sur l'intensité du rayonnement solaire grâce à la dispersion d'aérosols soufrés dans la haute atmosphère de façon à faire écran à l'énergie reçue du soleil. Aucune de ces techniques n'a été validée et toute tentative de manipulation du climat ne manquerait pas de déclencher une avalanche de problèmes géopolitiques, économiques et sociaux. L'option reste toutefois à l'étude et elle bouleverserait le débat sur la soutenabilité.

En fin de compte, il est évident que ces vastes questions philosophiques englobées par le concept de soutenabilité contiennent également des éléments psychologiques et éthiques. Un ingénieur pourrait déterminer les conditions d'une soutenabilité environnementale et économique qui serait largement rejetée par les populations – par exemple des mesures très strictes de contrôle de la consommation énergétique dans les foyers. Et encore, c'est très fluctuant : l'histoire fourmille d'exemples démontrant que les hommes peuvent s'adapter à des situations auparavant jugées intolérables.

Tous les points évoqués ici (on pourrait les multiplier) illustrent la nature problématique du terme « soutenabilité ». Il faut ajouter qu'il y a au moins un dernier point conceptuel à relever : nous ne saurons jamais si nous avons atteint le seuil de soutenabilité, nous pouvons uniquement savoir que nous avons dépassé ce seuil, et quand. Nous vivons dans l'attente de l'événement décisif, le moment où le système craque ; mais ce que nous observons c'est la dégradation de certains indices, pas l'apparition d'un point de bascule. Je ne dis pas qu'une catastrophe est impossible. Les climatologues s'inquiètent du possible franchissement d'un seuil à partir duquel les émissions de carbone précipiteraient un changement climatique planétaire irrémédiable. Certainement, le risque d'une catastrophe existe lorsqu'on prend en compte, entre autres, l'accroissement de la population mondiale et l'augmentation de la consommation d'énergie, la disparition de nombreuses espèces animales et la fragilisation des écosystèmes, mais pensons aussi aux nombreux cas de prophéties apocalyptiques (comme celles de Ehrlich dans *The Population Bomb*, 1965) dont on attend toujours l'accomplissement.[3]

LA (SUR)PRODUCTION DES SAVOIRS

Toutes ces objections ne signifient pas pour autant que nous devons écarter le concept de soutenabilité. Ce sont des doutes que l'on rencontre habituellement à l'examen de nombreux concepts fondamentaux. L'exemple de Lovejoy et Boas qui ont pu recenser 66 significations différentes aux vocables « nature » et « naturel » (Lovejoy et Boas, 1935) est resté fameux, mais pour autant nous n'avons pas cessé d'utiliser ces termes, souvent avec efficacité. Il est donc préférable de se demander quel est le meilleur usage possible

3. Il est vrai aussi, comme l'a noté un critique, que les prédictions apocalyptiques ont l'effet ironique de déclencher des mesures de prévention qui les rendent caduques.

du concept de soutenabilité. Nous avons la sensation que de nombreux systèmes économiques et environnementaux se dégradent, peut-être jusqu'à atteindre un point de rupture. La soutenabilité est un marqueur de ces préoccupations. Au lieu d'en faire un usage empirique, comme s'il s'agissait d'un concept applicable et falsifiable, prenons-le comme un repère régulatif.

Pour procéder par analogie, voyez comment fonctionne le principe de précaution. Ce principe détermine qu'aucune action ni aucune politique ne peut être mise en œuvre si ses conséquences sur la santé ou l'environnement sont incertaines et potentiellement dangereuses. En d'autres mots, la charge de la preuve revient à l'initiateur d'une action donnée, lui imposant de prouver que ladite action est sans danger. Vue comme une hypothèse applicable, l'idée reste désespérément vague. Il n'existe aucun moyen de déterminer la certitude suffisante ni jusqu'à quel point étendre la charge de la preuve lorsqu'on examine un cas précis. En plus, le principe est réversible. Lorsqu'il est appliqué aux interrogations qui accompagnent le développement de la fracturation hydraulique, on voit clairement qu'il induit la suspension de ce type d'extraction tant que son innocuité n'a pas été démontrée. La même question abordée en considérant cette fois les risques économiques et sociaux induits par l'arrêt de l'extraction du pétrole, renvoie la charge de la preuve aux opposants à la fracturation hydraulique.

Ceci étant, le principe de précaution peut jouer un rôle utile – et il le joue – dans les débats sur les questions environnementales. Il agit comme un point de repère dans notre pensée, et nous invite à réfléchir avant d'agir pour mieux prendre en compte les conséquences de nos actes. La soutenabilité peut avoir une fonction comparable. L'impossibilité de savoir avec certitude le moment où nous franchissons un seuil irréversible s'agissant de changement climatique, de santé des écosystèmes et d'utilisations des ressources naturelles, doit nous inciter à la prudence et nous encourager à contraindre nos désirs irresponsables.

Si de cette façon le concept de soutenabilité est assez largement utile, je propose que nous ajoutions une quatrième dimension aux trois dimensions déjà reconnues à la soutenabilité : environnementale, sociale et économique. Pour invoquer la distinction faite par Hegel entre esprit objectif et esprit subjectif, entre les éléments du monde matériel et ceux de la conscience, les trois dimensions externes ou « objectives » de la soutenabilité doivent être complétées par une dimension interne ou « subjective » : la soutenabilité académique. Le monde est un tout cohérent : l'académie fait partie de la marchandisation du désir et de la fabrication de l'esprit d'infinité. La soutenabilité interne de la conscience, de notre savoir et de nos désirs est aussi essentielle à notre futur que les trois autres dimensions.

Mais posons-nous la question : comment peut-on dire que la production académique des savoirs est ou n'est pas soutenable ? De quel critère disposons-nous pour savoir si nous souffrons de la surproduction des savoirs – ou plutôt de la surproduction des producteurs de savoir ? Sommes-nous en mesure d'identifier des signes de tension ? Nous avons besoin d'indices, d'éléments de mesure, comme l'augmentation de la dette étudiante, les universités en difficulté, les ouvrages et les revues savantes sans lecteur, les titulaires de doctorats au chômage, les connaissances négligées ou mal utilisées, ou les signes de fractures sociales provoquées par de nouvelles découvertes.

Ce sont là des points difficiles à établir avec certitude, mais ils fonctionnent comme des indicateurs. Ajoutons ceci aux points précédents : nous savons que la dette étudiante aux États-Unis a passé la barre du billion de dollars (mille milliards de dollars) en 2013 (Weinberg, 2013). En termes de données brutes, Eric Schmidt, PDG de Google, a déclaré que « tous les deux jours nous créons autant d'informations que depuis l'aube de la civilisation jusqu'en 2003 » (cité par Barber, Donnelly, et Rizvi, 2013). L'agence de notation Moody's signale que de nombreuses universités sont au bord de la faillite (Troop, 2013) – un signe, peut-être, que des tournants technologiques dans le domaine de la connaissance ont conduit à la saturation du marché. Dans le même temps, les chercheurs sont de plus en plus sous pression : tous sont comme pris d'une sorte de frénésie, perdus entre des opportunités qui ne peuvent être saisies, et des tâches qui ne peuvent être accomplies. La vie universitaire est devenue tout autre chose que cette paisible récréation intellectuelle que l'"on se représentait autrefois.

À l'université, le nombre de travaux en quête de publication dans les revues spécialisées augmente beaucoup plus vite que la taille de ces revues. D'après une étude (Jinha, 2010) on recensait 23 750 revues scientifiques en 2006. Jinha a tenté d'estimer le volume total des travaux de recherches publiés depuis l'apparition de la première publication savante, en France en 1665, *Le Journal des Sçavans*. Le résultat est qu'en 2009 la barre de 50 millions d'articles a été atteinte; un million et demi de publications évaluées par les pairs pour la seule année 2006, ce nombre ne cessant d'augmenter. De tels chiffres sont peut-être assez parlants, mais ils ne nous permettent cependant pas d'en conclure que trop de recherches sont menées, ni qu'une dette étudiante d'un billion de dollars est excessive.

En 2009, une étude a établi que seuls 40 % des articles publiés dans des revues importantes entre 2002 et 2006 ont été cités au moins une fois dans les cinq années suivant la publication (Bauerlein *et al.*, 2010). Sur la même période, le nombre des publications a augmenté au rythme de plus de 3 % par an, pour un temps de doublement égal à 23 ans. L'étude de Bauerlein *et al.* est intitulée « We must stop the avalanche of low-quality research », l'idée étant que le problème est simplement celui de la qualité. Rien n'indique pourtant que les 40 % ayant au moins une citation soient les 40 % les meilleurs, compte tenu des caprices de la mode intellectuelle et de l'arbitraire de la reconnaissance publique. Bauerlein *et al.* ne prennent pas en compte l'hypothèse que nous sommes en train d'assister à une surproduction générale des savoirs.

Il existe deux sources possibles qui pourraient susciter une forme de régulation visant à limiter ou à diminuer l'ampleur de la recherche académique : des forces internes au monde académique, ou des forces externes de différentes natures. Si l'on examine le plan interne, il est assez peu vraisemblable que les chercheurs voient un intérêt quelconque à limiter la production des savoirs, même si on leur fait valoir que leurs doctorants seront au chômage et que leurs propres publications n'auront aucun lecteur. Il est évident que les chercheurs veulent poursuivre leurs recherches dans leur domaine, et qu'on les laisse juste en faire toujours plus.

Cette radieuse adoration d'une production des savoirs sans limite me laisse perplexe. À l'opposé, j'ai le sentiment de me noyer dans la connaissance et l'idée des connaissances à venir me fige. Les bibliothèques et les librairies m'angoissent : le nombre de livres et de revues à lire est juste écrasant et chaque jour qui passe les imprimeries alourdissent cette charge. Il n'existe de surcroît aucun critère pour choisir tel livre ou telle revue plutôt que telle autre, c'est au petit bonheur la chance. Se plonger dans un domaine et pas dans un autre n'est plus que le résultat d'une forme d'aveuglement, quand on sait que tel autre domaine est tout aussi intéressant et que tous les sujets sont interconnectés de nombreuses façons. La pression perpétuelle des nouveaux savoirs est au fond une invitation à l'oubli ; regarder des arbres, ignorer la forêt.

Une fois l'idée d'une régulation interne de la production des savoirs écartée, que penser de pressions externes ? Venues de l'extérieur, il existe quatre sources possibles qui pourraient exposer l'université à un virage (potentiellement brutal) en direction d'une forme de pause épistémique : une perturbation technologique, le néolibéralisme, le savoir nocif, la logique transdisciplinaire elle-même.

Par « perturbation technologique », il faut comprendre toutes les forces qui se combinent sous le sigle de Google : les MOOC, les formations en ligne, le mouvement de l'Open Access, le déplacement du centre de gravité épistémique à partir de l'université vers la société dans son ensemble qui produit de plus en plus de connaissances non-académiques. Toutes ces forces sont une menace pour le modèle économique universitaire. Il est clair que dans l'hypothèse où un nombre important d'universités seraient amenées à fermer leurs portes, nous pourrions assister à un simple déplacement des sites de production des savoirs, loin des campus, et non à une baisse quantitative. Néanmoins les conséquences pourraient bien être spectaculaires : la place privilégiée qu'occupe l'université dans la production des savoirs tient à la distance qui la sépare des intérêts particuliers et du monde des affaires. Des pans entiers de la recherche scientifique disparaîtraient, et la nature de ce qui resterait s'en trouverait bouleversée via une identification renforcée à des intérêts spécifiques.

« Néolibéralisme » est le nom de cette pente suivie par la philosophie des affaires publiques au cours des 40 dernières années, la construction d'un nouveau paradigme de gestion de la sphère publique visant à diriger toute institution en vertu de ses liens possibles avec le marché. Sous un régime néolibéral, l'éducation est traitée comme une question privée, non comme un bien public, le modèle financier des universités publiques est brisé et le financement des études supérieures qui était de la responsabilité de l'État passe sous celle des individus. Appliquer les mécanismes du marché à tous les aspects du monde universitaire prépare la disparition de tous les domaines dont la rentabilité ne serait pas clairement établie.

Le « savoir nocif » désigne tous les dangers semblables à ceux recensés par Bill Joy. Joy a décrit les menaces que représentent les technosciences de la personne, qu'il nomme les technologies GNR (génétique, nanotechnologie et robotique). Elles sont, dit-il :

> Si puissantes qu'elles sont susceptibles d'engendrer de nouvelles catégories d'abus et d'accidents. Plus inquiétant encore, pour la première fois ces abus et ces accidents sont directement accessibles à des particuliers ou à de petits groupes d'individus. Nul besoin de coûteuses installations ou de matériaux rares, le savoir seul suffit à enclencher leur mise en œuvre. (Joy, 2000)

En réponse, Joy a lancé un appel à la « renonciation » – l'abandon volontaire des travaux de recherche dangereux. À ce jour, ses mises en garde ont été ignorées, bien que la publication de son article ait fait grand bruit. Le débat est cependant loin d'être clos. Les vives controverses suscitées par l'élaboration d'une nouvelle souche du virus de la grippe aviaire H_5N_1 montrent clairement que les interrogations relatives à la nocivité de certains savoirs ne cesseront pas de refaire surface. Une seule grande perturbation de la société, directement provoquée par des recherches de pointe – la création, par exemple, d'un parahumain[4] ou chimère – suffirait à engendrer un débat de société sur la nécessité de fixer des limites à la production de savoirs.

Enfin, la « logique transdisciplinaire » même, c'est-à-dire la voie menant à la coproduction des savoirs, par laquelle le savoir est produit en association étroite avec les bénéficiaires de ce savoir, représente peut-être la force la plus significative pour ce qui est de briser le statu quo. La plupart des non-universitaires, y compris tous ceux qui ont suivi des études supérieures, n'ont aucun besoin de cette masse d'informations actuellement produite. Pour la grande majorité, le savoir n'est pas une fin en soi mais le moyen d'atteindre d'autres buts, comme l'argent, la santé, le confort, ou le pouvoir. Voici une population dont l'appétit de savoirs peut-être singulièrement limité, et aussi limitatif. En bref, les gens veulent des mémos, pas des monographies.

Chacune de ces quatre sources implique un type et un degré différents de limite. Personne ne prédit ou ne propose un arrêt général de la production des savoirs. On verra toujours de nouveaux domaines nécessitant des recherches. La question n'est pas la fin des nouveaux savoirs, mais celle de déterminer si notre programme tacite de production illimitée des savoirs sera soumis à un examen critique.

IMAGINER LA LIMITE

Il n'existe aucune idée plus étrangère à la culture universitaire que celle suggérant qu'il y a, ou qu'il devrait y avoir, des limites à la production des savoirs. L'institution académique a longtemps fonctionné sous le signe de l'infinité. Les universitaires partent de l'hypothèse que chaque résultat obtenu soulève de nouvelles questions, *ad infinitum*. Il faut toujours plus de recherche, que ce soit en physique des particules ou sur l'œuvre de Milton.

Est-ce une infinité salutaire ? Dans la *Science de la Logique* (1812), Hegel distingue le véritable infini du mauvais infini. Selon Hegel, le mauvais du mauvais infini est son absence de fin, dans les deux sens du terme : absence de point terminal et absence de finalité. Les mathématiques sont une expression du mauvais infini : un nombre peut toujours suivre un autre nombre (n + 1) et on peut toujours intercaler un nombre entre deux nombres voisins. Par opposition, l'infini véritable est une totalité qui se contient elle-même, comme un cercle ou un anneau de Moebius.

L'environnement est une illustration possible de ces deux concepts. C'est une ressource infiniment renouvelable lorsqu'il est correctement géré, mais il est dégradé ou détruit lorsqu'il est traité comme un mauvais infini, c'est-à-dire une source inépuisable de matériaux ou un dépotoir. Le mauvais infini est le produit des présupposés de l'économie capitaliste, qui repose sur une croissance sans fin, elle-même nourrie par les appétits des consommateurs et la production continue de nouvelles recherches au sein de l'université.

Dans les trois volumes de son *Capital* (1867), Marx applique le concept de mauvais infini à la question de l'argent. Sa critique vaut également pour l'université disciplinaire, mais sous une forme légèrement différente. La machine académique moderne à produire des savoirs est disciplinaire par nature en ce qu'elle produit essentiellement pour elle-même et selon ses propres standards. L'usage qui est fait de ses savoirs à l'extérieur de l'institution est de moindre importance (pour ne pas dire plus). L'académie a institutionnalisé le n + 1 dans l'enceinte de la vie universitaire.

4. Les parahumains, ou chimères, sont des créatures hybrides humain-animal.

Une autre façon d'appréhender ce point consiste à opérer la distinction entre valeur d'usage et valeur d'échange. Comme Marx l'a montré, la valeur d'usage d'un objet est évidemment limitée : on ne peut consommer qu'un certain nombre d'oranges, ou utiliser un certain nombre de tapis. Le surplus étant un gaspillage, il existe une limite naturelle à la production. Mais lorsqu'on produit des marchandises pour les échanger, les perspectives sont en quelque sorte démultipliées. Le commerce des marchandises permet d'accumuler toujours plus d'or. Marx note évidemment que l'augmentation excessive de la valeur d'échange entraîne régulièrement des crises de surproduction qui provoquent des crises économiques.

L'université se retrouve actuellement dans une position analogue. Considérons les 200 revues savantes consacrées à la philosophie, le même nombre dans d'autres domaines : le monde n'a aucun besoin de ces publications, elles n'existent qu'en vertu d'un marché interne spécifique aux disciplines. Oui, l'absurdité et l'insoutenabilité du marché académique se voient dans le simple fait qu'il permet une production sans demande. Combien de ces articles ne sont lus que par les auteurs, les éditeurs et les pairs chargés de leur évaluation ? Comme je l'ai noté plus haut, des études prouvent que plus de la moitié des articles ne sont pas cités une seule fois dans les cinq années suivant leur publication.[5]

Depuis son apparition à la fin du XIXe siècle, la production des savoirs disciplinaires a épousé la logique du n + 1, en présupposant que les savoirs produits finiraient bien par trouver une utilité ou une autre. Il n'a jamais été dans les attributions du producteur de savoirs d'associer les découvertes à tel « groupe d'usagers ». Dans une ère de coproduction des savoirs, ceci est en train de changer. Il y a désormais une gouvernance, ou de multiples gouvernances, de la production académique.

Il est difficile de prédire la forme que prendrait l'institution académique si la production des savoirs était strictement limitée. On pourrait voir apparaître de nombreux types de pressions. Imaginons, pour commencer, qu'une règle impose aux producteurs de savoirs de présenter succinctement quel public (en dehors des pairs) pourrait être intéressé par un projet de recherche donné, ou en bénéficier. (C'est déjà le cas au Royaume-Uni dans les Research Councils via un impératif nommé « Pathways to Impact ».) Une demande, aussi simple que celles-ci – un exposé d'une page analysant comment des avancées en biologie pourraient à la fois servir la médecine tout en ayant des impacts sociaux négatifs, ou comment une étude sur Conrad pourrait éventuellement contribuer à plus de justice sociale –, pourrait bien provoquer de sérieuses perturbations au fonctionnement actuel du système.

Les disciplines STEM (Science, Technology, Engineering, Math) devraient pouvoir survivre grâce aux liens qu'elles entretiennent avec les progrès technologiques, mais une plus grande exposition aux inquiétudes des marchés aurait un impact certain. En ce qui concerne les sciences humaines on peut imaginer de nombreux cas de figure. On peut s'attendre à ce qu'elles soient durement impactées à cause de leur (apparente) absence de rentabilité sur le marché, et aussi en raison de leur nature, souvent provocatrice plutôt que productive. Après tout, la provocation fait bel et bien partie de l'héritage socratique. D'un autre côté, la disparition de quantité de programmes dans toutes les sciences

5. D'après le site Web of Science, en 2005 48 % des publications n'ont pas été citées une fois : http://garfield.library.upenn.edu/papers/jifchicago2005.pdf.

humaines permettrait de mesurer à nouveau l'importance fondamentale de ces dernières dans la construction d'une société civilisée.

Les universitaires pourraient protéger leurs études aimées en se positionnant sur des terrains pluralistes. Ils ont au moins trois grandes fonctions à occuper : préserver un héritage culturel commun, incarner l'avant-garde, interpréter et traduire les frontières entre les disciplines et les frontières entre les disciplines et la société. Les deux premières fonctions ont caractérisé la plupart des sciences humaines au XXe siècle. La troisième, collaborer avec des scientifiques, des ingénieurs, et des élus pourrait – et devrait – être considérée comme la fonction complémentaire des deux autres. Le chapitre suivant examinera cette dernière possibilité, et explorera l'hypothèse d'une carrière non-disciplinaire pour les spécialistes des sciences humaines.

CONCLUSION

Comme le montre la réaction des professeurs nains dans *Boule de feu*, parlez de limiter le savoir, vous aurez de vives réactions. Les uns objecteront qu'il est impossible d'arrêter la production de nouveaux savoirs. Les autres affirmeront que cette simple idée est absurde ou dangereuse. Comme un fait acquis, notre système de production des savoirs, à l'instar de notre système économique dans son ensemble, est bâti sur une croissance continuelle. Les passionnés du transhumanisme (ou « Humanity + »), comme Ray Kurzweil, chantent les louanges d'une accélération de la production des connaissances induisant une mutation technologique, et réfutent toute idée de danger (moral ou matériel) attaché à une croissance illimitée des savoirs.

Pourtant, la question d'une possible limitation des savoirs se retrouvera vraisemblablement au cœur de nos débats politiques et sociaux. À titre d'exemple, quand les églises évangéliques commenceront-elles à s'interroger sur les avancées de la science biomédicale ? À quel moment les libéraux vont-ils tiquer devant la possibilité d'un nouvel eugénisme ? Ou encore, avons-nous réellement envie de savoir qui seront les gagnants et les perdants du changement climatique (Frodeman, 2013) ?

La production des savoirs au XXIe siècle sera certainement placée sous le signe d'une bataille entre partisans d'une production illimitée et partisans d'une production limitée. Le débat pourrait prendre plusieurs directions : appeler à limiter, par exemple, le nombre de doctorats dans les sciences humaines (le gouverneur de Floride a déjà proposé d'augmenter les frais d'inscription lorsque les cursus ne sont pas monnayables sur le marché), remettre en cause les travaux de thèse dont les sujets passent pour ésotériques et inutiles aux yeux du public. Ajoutons qu'il suffit d'un accident pour ouvrir le débat sur les dangers de certains travaux en bio ou nanosciences.

L'âge du savoir disciplinaire voit peut-être approcher sa fin, mais les contours d'un âge transdisciplinaire sont encore brumeux. Quel sera le rôle des universités si nous nous dirigeons vers une pause épistémologique ? Le savoir perdra-t-il son statut, sa capacité à convaincre ? Peut-on jeter les bases d'un espace théorique à l'écart de l'expertise des spécialistes, et peut-on déterminer la quantité de connaissances suffisante (Frodeman, 2011) ? Le chapitre suivant examine ces questions du point de vue de la philosophie et des sciences humaines.

Chapitre 4
Dédisciplinarité

Nous vous avons donné une éducation meilleure et plus parfaite que celle de ces philosophes-là, et vous avons rendus plus capables d'allier le maniement des affaires à l'étude de la philosophie. Il faut donc que vous descendiez, chacun à votre tour, dans la commune demeure.

Platon, *La République*, livre VII

La dédisciplinarité cherche à dédisciplineer la philosophie et, par extension, l'ensemble des sciences humaines. La philosophie disciplinaire se trompe de catégorie, car la philosophie n'est pas, ou ne devrait pas être, une ontologie locale (comme le sont les sciences). J'observe comment cette erreur a voyagé dans le temps, et je dis la puissance et la pertinence de la contribution d'une approche dédisciplinée de la philosophie à la culture dans son ensemble – avec en prime la perspective de nouveaux débouchés pour les philosophes et les spécialistes des sciences humaines. Pour cela, je propose deux figures, le philosophe bureaucrate et le philosophe de terrain, qui doivent permettre de repenser le rôle du philosophe dans la société.

DÉDISCIPLINER LA PHILOSOPHIE

Le virage opéré par la production des savoirs en direction d'approches transdisciplinaires garantit une redéfinition du rôle des universités et des relations entre l'université et la société. Ce chapitre cherche à déterminer comment la philosophie peut répondre à cette nouvelle donne. Il soutient l'idée que pour aller de l'avant, la philosophie doit se dédiscipliner.

La philosophie disciplinaire – qui, c'est évident, n'est pas reconnue en tant que telle comme un type ou une catégorie de la pensée philosophique – est une réduction non-nécessaire de l'entreprise philosophique. On ne devrait pas traiter la philosophie comme une simple discipline, une ontologie locale où les philosophes écrivent les uns pour les autres, comme c'est le cas chez les chimistes ou les biologistes. Il existe une véritable dimension disciplinaire à la philosophie, mais c'est également quelque chose de sauvage et d'indomptable qui devrait être mis en pratique partout : à tous les étages de l'université, sur la place publique, dans les entreprises. Les programmes d'enseignement supérieur, tous les cycles, doivent faire les ajustements nécessaires pour que les étudiants apprennent à occuper ces espaces.

J'ai été invité récemment à m'exprimer dans une grande université d'État. Au cours de cette visite, j'ai eu l'occasion de rencontrer différents membres de l'administration. Sachant qu'après une période de difficultés la situation était en train de s'améliorer, j'ai demandé combien de postes il était prévu de créer pour la rentrée de septembre. On m'a répondu que la faculté d'arts libéraux de l'université allait ouvrir 64 nouveaux postes. J'ai alors demandé combien de ces postes seraient accessibles à un contrat de titularisation conditionnelle (*tenure track*) ? Réponse : quatre. Dans la faculté de philosophie de cette université, les postes d'enseignants sont déjà en majorité contractuels, annualisés, avec une charge de huit cours par an.

Il est très douteux que ce modèle de recherche en philosophie, exclusivement disciplinaire, développé au XXe siècle, survivra ailleurs que dans une poignée d'établissements élitistes. À cette situation, je tente de répondre ici en défendant l'idée d'une approche de la philosophie à même de contester le statu quo, une pratique alternative que je nomme la philosophie de terrain. J'insiste, il faut traiter les deux comme étant complémentaires, pas antagonistes, et pouvant se renforcer l'une l'autre. Que ce soit grâce à la philosophie de terrain ou grâce à tout autre pratique qui s'imposera, le statu quo dans le domaine de la philosophie apparaît de plus en plus insoutenable. Nous avons besoin d'un programme systématique pour aider la philosophie à franchir les murs de l'académie disciplinaire.

TEMPS PHILOSOPHIQUES, PHILOSOPHES DISCIPLINAIRES[1]

L'armée américaine dispose d'une large flotte de véhicules volants sans pilote, connus sous le nom de drones. Moins de 50 en 2002, ils étaient plus de 7000 en 2009, et ce nombre ne cesse d'augmenter. En Irak, en Afghanistan et au Yémen, les drones font du renseignement et ciblent des ennemis, dirigés à distance par des opérateurs et des opératrices installés dans des salles de contrôle à air conditionné, 13000 kilomètres plus loin, dans le Nevada.

La technologie des drones illustre la nature non-conventionnelle de la guerre moderne. La cyberguerrière, qui lâche un missile intelligent sur une cible à l'autre bout de la planète – quand le soir elle va assister au match de football de sa fille –, est-elle une combattante? Et l'informaticien de Palo Alto qui a conçu le logiciel permettant le guidage de précision du missile? Est-ce que la science et la technologie ont déplacé la ligne définissant ce que sont un civil et un soldat? Si un combattant ennemi entre aux États-Unis pour abattre l'auteur du logiciel de guidage, est-ce un acte terroriste ou bien un acte de guerre?

Les avancées technoscientifiques sont certainement le plus grand générateur de questions de cet acabit à notre époque. Elles sont en train de modifier notre système politique, nos relations économiques, notre environnement naturel, et même nos esprits et nos corps (Allenby et Sarewitz, 2011 ; Fuller, 2011). L'accès instantané à l'information (Google), la communication mondiale fluidifiée (Skype, Facetime), la multiplication des témoignages autoréférencés (Web 2.0) remodèlent la nature même de la connaissance, ce qui par voie de conséquence reconstruit tous les autres aspects de la société.

Les questions soulevées sont souvent de nature profondément philosophique. Elles nous interrogent sur ce que cela signifie d'être un humain, sur la façon dont nous nous lions les uns avec les autres, sur notre devenir à tous. Elles bousculent les configurations apparemment stables qui ont gouverné nos existences, comme la distinction entre civil et soldat, ou homme et machine. Or ces points philosophiques sont souvent enfouis sous des attitudes conventionnelles, qui présentent pratiquement chaque question comme étant de nature économique ou scientifique. Étant donné le biais largement répandu d'après lequel la philosophie n'a aucune prise sur le concret, les éléments philosophiques de nos existences doivent être déterrés si l'on veut les prendre en considération.

La parole publique peut alors recevoir une dose de réflexion philosophique. De plus, en ces temps de coupes budgétaires, alors que l'université est sommée de rendre des comptes sur ses activités, toutes ces questions sont une occasion pour les philosophes de défendre leur utilité pour la société.

1. Plusieurs parties de cette analyse ont été publiées par Frodeman (2013b), pages 1917 à 1936.

Qu'il me soit permis ici d'être très clair. Je ne propose pas aux philosophes de mener davantage de travaux en philosophie sociale ou politique. Je n'appelle pas les philosophes à jouer une fois de plus les intellectuels publics. Et enfin, je n'incite pas les philosophes et les spécialistes des sciences humaines à tous se transformer en activistes.

Tout ceci serait éventuellement bienvenu, mais le point que j'examine se situe à un autre niveau : les philosophes doivent devenir des acteurs, plus que des commentateurs ou des protestataires, des débats qui accompagnent les politiques publiques. Cela signifie œuvrer de concert, au moment où un projet se bâtit, avec des scientifiques, des ingénieurs, des élus et des administrations. Les philosophes, les spécialistes des sciences humaines en général, doivent sortir du bureau pour aller sur le terrain (Frodeman, 2010).

Ce chapitre développe ce point de vue. La philosophie au XXe siècle a été disciplinaire par nature jusqu'à la déraison, il est temps de dédiscipliner la philosophie.[2]

Au cœur du projet visant à dédiscipliner la philosophie, on trouve la nécessité de traiter les aspects institutionnels de la philosophique comme une question philosophique. Le statut institutionnel de la philosophie – à savoir, le fait que son fonctionnement en tant que discipline charrie certains présupposés philosophiques – est le grand point aveugle de la philosophie du XXe siècle et de ce début du XXIe siècle. Il a impacté tout ce qui a compté comme pensée de qualité, à la fois dans la forme et dans le contenu. Il est largement responsable d'avoir conduit la philosophie, le plus pertinent des domaines, à devenir synonyme d'élucubrations et d'inutilité. Envoyez des philosophes à l'intérieur d'un département de philosophie et essayez donc ensuite de les en faire ressortir.

Les philosophes à l'université se considèrent volontiers comme l'intelligence critique par excellence. Or ils ont purement et simplement botté en touche sur la question de l'expression institutionnelle de la philosophie et de sa relation à la disciplinarité. Voici quatre ensembles de questions qui devraient être explorées :

1. Pourquoi les philosophes sont-ils placés dans un département de philosophie? Pourquoi ne sont-ils pas répartis dans tous les départements et toutes les unités de l'université? Est-ce que leur ghettoïsation implique nécessairement que la philosophie est une simple ontologie locale, à côté de la géologie ou de la chimie?
2. Pourquoi le seul débouché professionnel pour le titulaire d'un doctorat en philosophie est-il un poste académique dans un département de philosophie? N'y a-t-il aucune problématique dans d'autres départements, dans la sphère publique, ou dans la sphère privée, qui puisse bénéficier d'une pensée philosophique approfondie et justifier la présence d'un philosophe?
3. Pourquoi les docteurs en philosophie sont-ils les seules personnes jugées compétentes pour évaluer les travaux philosophiques? Ne sommes-nous pas tous des pairs en puissance lorsqu'il est question de philosophie?
4. De quelle façon les critères pour estimer la qualité d'un travail philosophique changent-ils lorsqu'on étend l'espace de la philosophie au-delà du royaume disciplinaire?

En somme, nous n'avons pas seulement besoin d'une philosophie de l'interdisciplinarité

2. Je me réfère ici à la philosophie, mais je considère que ces considérations valent pour les sciences humaines en général. Dédisciplener la littérature, l'histoire, l'histoire des arts, et autres, prendra différentes formes, avec différents obstacles et différentes opportunités; mais chaque domaine a un rôle important à jouer dans la société, secteurs privé et public confondus. J'en ai été témoin dès le début des années 1990, alors que je travaillais à l'Institut d'études géologiques des États-Unis. J'ai pensé que les études littéraires, plus que la philosophie, étaient la discipline clé pour l'Institut, qui avait un grand besoin de récits locaux pour valoriser la masse d'informations dont il disposait.

capable de remettre en question nos critères de méthode et de rigueur pour les projets de recherches inter et transdisciplinaires (chapitre 2). La même question concerne la recherche philosophique elle-même.

On peut également traiter ce point en termes d'échelle. Les philosophes actuels se sont habitués à vivre leur vie professionnelle dans un enclos disciplinaire – le philosophe solitaire qui écrit dans son bureau, puis donne un cours dans un amphi, avec l'espoir que quelqu'un, quelque part, un jour, l'écoutera. Mais lorsqu'ils se sont aventurés à l'extérieur, les philosophes ont essentiellement fonctionné sur l'une des deux échelles. Ils ont nourri l'espoir d'agir à l'échelle macroscopique, version moderne du philosophe roi, appelés pour avis par le président de l'université (ou Obama en personne). Au cours du XXe siècle, cet espoir a parfois pris la forme de philosophes jouant les intellectuels publics. Or les philosophes ont agi à l'échelle microscopique, ce qui a pu inclure des choses comme enseigner en prison, ou mener des combats politiques, ou donner de son temps à des centres sociaux, une approche activiste des questions publiques.

Les deux rôles ont leur utilité et ils doivent être encouragés. Mais l'essentiel des possibilités pratiques (et potentiellement professionnelles) accessibles aux philosophes se trouve à une échelle intermédiaire entre ces deux extrêmes. Les perspectives réellement importantes viendront de la construction d'un nouveau rôle social, que l'on peut appeler le philosophe bureaucrate. L'incapacité à reconnaître cet espace médian, entre le philosophe comme intellectuel public et le philosophe comme activiste, a laissé la philosophie sur la touche de mille débats qui étaient pourtant de nature profondément philosophique.

Il faut admettre que le terme semble rébarbatif. On grandit rarement avec le rêve de devenir bureaucrate. Nous vivons malgré tout une époque où la plupart des gens travaillent pour, et nos existences sont régies par, de nombreuses institutions bureaucratiques. Ces institutions – agences nationales, fédérales, internationales ; organisations commerciales locales, régionales, nationales, internationales et ONG ; universités – constituent aujourd'hui les principaux champs d'action. (Ironiquement, on critique vite le terme « philosophe bureaucrate », alors que la plupart des universitaires mènent une vie profondément bureaucratique.)

Si nous ne voulons pas cantonner la philosophie au royaume déclinant de l'académie, ou aux aléas d'un entreprenariat *freelance*, nous devons créer des espaces pour la philosophie au sein des royaumes bureaucratiques (les autres, pas les universités) qui nous entourent – espaces qui se débattent déjà, souvent maladroitement, avec des questions philosophiques diverses et variées. Les « philosophes bureaucrates » – appelez-les comme vous voudrez – représentent donc une perspective en or : œuvrer sur le plan institutionnel, secteurs public et privé confondus, sur des questions d'actualité, en temps réel (Frodeman, Briggle et Holbrook, 2012).

Ce chapitre étudiera ensuite le chaînon manquant de la philosophie du XXe siècle (et de ce début du XXIe siècle). Est-ce par manque de créativité ou par absence de volonté, toujours est-il que la philosophie du siècle dernier a raté le coche de sa mise en application.[3] Elle a traversé le siècle comme une ontologie locale sans marquer de différence dans son principe avec les autres disciplines de l'académie. Ce faisant, elle a su produire des travaux de valeur. Elle a également ignoré des perspectives cruciales, comme celle

3. Le terme est choisi. La tradition de la philosophie appliquée au XXe siècle, ne fait pas exception à mes attentes, elle est au contraire une illustration du problème. Voir section : « Limites de la philosophie appliquée ».

de devenir l'élément intégrateur transversal des autres disciplines, ou celle d'initier une pratique philosophique ciblant les politiques publiques. On voit un exemple de ce ratage dans l'absence totale de travaux dans le domaine de la philosophie des politiques (mais voyez Frodeman et Mitcham, 2004).

HISTOIRE D'UN PRÉJUGÉ

Par quel chemin une philosophie d'orientation disciplinaire, socialement désengagée, est-elle devenue la norme du domaine? Cette question se rattache à l'histoire générale des transformations culturelles et sociales du XIXe siècle. Pour résumer, c'est l'histoire de la façon dont la philosophie a été chassée de la position centrale qu'elle occupait dans la sphère de la haute culture, sous la poussée des changements technologiques et de leurs conséquences sur la vie des Américains. Suivant les évolutions dans les besoins de la société, la production des savoirs a connu des innovations, notamment dans le développement des sciences sociales et naturelles, à l'écart de la philosophie morale et de la nature. Mais en fin de compte, cependant, la marginalisation de la philosophie a été un cheminement dont les philosophes eux-mêmes ont été les accompagnants.

Dès la création de l'université de Harvard en 1636, et jusqu'à la fin du XIXe siècle, l'éducation universitaire américaine était enracinée dans les arts libéraux. Les hommes allaient à l'université pour se préparer au rôle qu'ils allaient jouer dans les échelons supérieurs de la société. L'éducation professionnelle (*vocational training*), en médecine, en théologie ou en droit, était une préparation au travail pour lequel Dieu vous avait choisi. Il s'agissait d'une formation essentiellement philosophique et théologique, bien plus que pratique (contrairement à ce que recouvre aujourd'hui le vocable *vo-tech*[4]). L'enseignement scientifique, qui ne comprenait aucune expérimentation, reposait sur la théologie et la philosophie de la nature, domaines spéculatifs dont le but était de révéler la volonté de Dieu à travers l'étude de sa Création.

Les 70 premières années du XIXe siècle, l'enseignement universitaire suivait un programme standard sans matière principale, sans options. Le point culminant de cette éducation était le cours de philosophie morale ou mentale, généralement assuré par le président de l'université. On y étudiait la plupart du temps des questions relatives à la vie en société, notamment les spécificités de la politique économique et de la psychologie philosophique. Cet enseignement avait une valeur pratique à une époque où une infime minorité de la jeunesse américaine (moins de 1 %) allait à l'université, et où les diplômés devaient ensuite occuper des postes à responsabilité dans une société largement agraire et peu instruite.

Dans l'Amérique de l'après-guerre civile, cette forme d'éducation est devenue de plus en plus anachronique. Le pays s'industrialisait, la population des villes augmentait – en 1880, 75 % des citadins étaient des immigrés ou des enfants d'immigrés – le chemin de fer et le télégraphe donnaient naissance à un marché national ouvert à la circulation des marchandises et des informations. Ensemble, le secteur public et le secteur privé avaient besoin de gens avec des qualifications en sciences, en commerce et en mécanique. En pleine guerre civile, le Congrès a utilisé le Morrill Act (1862) pour inciter les États à créer des universités publiques grâce à l'octroi de terres fédérales

4. *Vo-tech* pour *vocational-technical désigne les hautes écoles au Canada et aux États-Unis qui dispensent à la fois une éducation dite « vocationnelle » et technique. (Note ajoutée par l'éditeur de la version française de cet ouvrage).*

(les *land-grant colleges*) – Michigan State et Penn State furent les deux premières – avec pour mission d'enseigner science, agriculture et ingénierie. Méprisées par les institutions d'élite (de vulgaires *cow colleges*, des « universités de bouseux »), ces dernières n'en ont pas moins suivi le mouvement : encouragées par des administrateurs et d'anciens élèves, Dartmouth fonde la Thayer School of Engineering en 1867, Columbia crée le Mechanical Engineering Department en 1897 et Harvard ouvre sa Business School en 1908.[5]

Les problèmes sociaux de l'Amérique à cette époque ont également précipité le besoin de réformes de l'éducation supérieure. La « question sociale » à la fin du XIXe siècle – l'âge d'or et ses paillettes vulgaires, la corruption des politiciens locaux, l'insalubrité des villes, le développement constant de la pauvreté, de la prostitution, des épidémies et de l'injustice – a accéléré la naissance des sciences sociales. C'est pourtant au moment où se forment les cinq sciences sociales (science politique, sociologie, économie, psychologie et anthropologie) que la philosophie et ce qui va devenir les « sciences humaines », prennent la direction opposée. La philosophie devient peu à peu le dépôt du classicisme et des valeurs éternelles.

L'influence de Darwin sur la philosophie a été profonde : *L'Origine des espèces* (1859) a balayé la théologie naturelle dans l'esprit des classes éduquées, ce qui a laissé une grande dose d'énergie théologique sans contour se chercher un nouveau champ d'exercice. Or à la même époque, des milliers de jeunes Américains partaient étudier en Allemagne ; beaucoup furent fortement impressionnés par le système universitaire allemand et par l'idéalisme. Le résultat pour la philosophie a été la combinaison de penchants théologiques et de théories abstruses inspirées par Hegel et d'autres idéalistes allemands.

Une question de hiérarchie sociale joua également un rôle important : l'apparition des sciences naturelles et des sciences sociales menaçait les positions établies de la vieille élite qui avait fréquenté les bancs de Harvard avant de devenir des notables en vue, membres du clergé, médecins ou magistrats. Dans ce monde industriel gourmand de nouvelles compétences en science, en ingénierie et en commerce, la vieille élite culturelle se voyait potentiellement en voie d'extinction. S'engager dans la voie d'un doctorat en humanités fut un moyen de redorer quelque peu le blason de la vieille éducation humaniste. Peu d'étudiants allaient jusqu'au bout de ces études, naturellement, mais la défense des humanités associée à la rigueur du doctorat donna un vernis d'ouverture d'esprit démocratique et de mérite intellectuel à leur statut d'élite. Tout ceci fonctionna, même s'il était improbable que les fils de pauvres ou même de la classe moyenne puissent étudier assez longtemps pour obtenir leur doctorat.

En somme, dans l'Amérique des années 1900, la philosophie se retrouve à la fois désorientée et marginalisée. Les sciences de la nature sont florissantes et les sciences sociales prennent place au sein de l'académie. Quant aux philosophes, ils ne savent plus quel rôle ils doivent jouer à l'université. À sa création en 1892, l'American Psychological Association comptait un important contingent de philosophes. Au tournant du siècle, les psychologues jugent les philosophes trop peu scientifiques et les excluent.

En réponse, les philosophes fondent en 1901 l'American Philosophical Association. Cette seconde APA doit maintenant définir le statut professionnel des philosophes.

5. En 1890, le département de l'Intérieur des États-Unis publie un rapport indiquant qu'en 1886-1887, 62 % des étudiants suivent un cursus classique.

Il existe plusieurs options. Les philosophes peuvent être les agents de synthèse de la production académique et dessiner une perspective globale de la connaissance. Ils peuvent être des formalistes, capables de fournir le cadrage logique de la recherche académique en général. Ils peuvent être des spécialistes disciplinaires qui se focalisent sur des questions purement philosophiques en éthique, en épistémologie, en esthétique, etc. Ils peuvent être des traducteurs interdisciplinaires et transdisciplinaires à même d'opérer la circulation des problématiques dans l'académie et vers la société en général. Ils peuvent proposer une version non-positiviste des sciences sociales, afin de répondre aux questions de valeurs et d'éthique qui sont soulevées par les problèmes de société. Enfin, ils peuvent être une combinaison de tout ou partie de ces éléments.

Toutes ces fonctions étaient plus ou moins remplies à la fin du XIXe siècle et au début du XXe siècle. Une chose était absente du débat, cependant, à savoir si oui ou non la question métaphysique du rôle de la philosophie dans la société devait occuper une place de choix dans les préoccupations philosophiques. L'idée que débattre de l'intérêt de ces différentes positions était une dispute philosophique nécessaire, devant être menée à intervalles réguliers pour le bien de la profession et celui de la société, n'avait pratiquement aucun écho.

Les spécialistes et les formalistes ont triomphé. Quelques-uns ont protesté, comme William James, penseur respecté qui dirigea les deux organisations, l'American Psychological Association (en 1894) et l'American Philosophical Association (en 1906). Dans son discours inaugural de 1906, « The Energies of Men », James offrit en exemple une philosophie qui faisait place aux questionnements du grand public comme à ceux des spécialistes de la philosophie (cité dans Bordogna, 2008) :

> Chacun connaît ce phénomène qui nous fait nous sentir plus ou moins vivants, selon les jours qui passent. Chacun sait qu'en ce jour précis, il y a au-dedans de lui des énergies en sommeil, que les besoins du jour ne sollicitent pas, mais dans lesquelles il pourrait puiser au besoin. La plupart d'entre nous sentent habituellement une sorte de nuage peser sur leurs vies, en dessous du degré le plus haut de clarté dans le discernement, de sûreté dans le raisonnement et de fermeté dans la décision.

Au lieu de présenter les avancées les plus récentes de la philosophie académique, le discours de James explorait les questions existentielles que chacun de nous rencontre. Il unissait philosophie et psychologie fonctionnelle, points techniques et problématiques générales.

Le discours de James, bien que remarqué par le grand public cultivé, resta lettre morte chez les professionnels. Comme le remarque Bordogna, il fut incapable de freiner le mouvement vers l'expertise disciplinaire. Les philosophes abandonnèrent ce que James appelait la « philosophie générale » pour s'intéresser exclusivement à la « philosophie technique ». Déçu par les jeunes philosophes « tête chauve » et « cœur chauve » qui l'entouraient, James tenta d'incarner une approche philosophique inter et transdisciplinaire, par-delà les frontières séparant les disciplines et par-delà les murs séparant l'académie du reste de la société. De fait, James travailla à une ontologie fondamentale de la philosophie elle-même. Son choix le plaça en porte-à-faux avec la communauté philosophique qui cherchait à éradiquer le dilettantisme philosophique et à consolider son autonomie derrière les murailles de l'expertise.

PHILOSOPHIE ET EXPLOSION DES SAVOIRS

Dans *Par delà le bien et le mal*, Nietzsche décrit le dilemme auquel est confronté le philosophe du XIXe siècle :

> Les dangers qui menacent le développement du philosophe sont, en vérité, si multiples aujourd'hui qu'on pourrait douter de la possibilité, pour ce fruit, d'arriver à maturité. Le domaine des sciences s'est accru et les tours de Babel élevées par les sciences se sont multipliées d'une façon prodigieuse. En même temps, il devenait de plus en plus probable que le philosophe, fatigué déjà par l'étude, demeurerait fixé en un point et se laisserait « spécialiser », en sorte qu'il n'atteindrait plus la hauteur qui lui est nécessaire pour parvenir à une vision d'ensemble et circulaire, une hauteur suffisante pour lui permettre de jeter un regard vers *en bas*. Ou bien il y arrive trop tard, quand sa jeunesse et sa pleine vigueur sont passées, ou bien quand il est déjà atteint, alourdi, caduc, ce qui fait que son coup d'œil, son évaluation générale n'ont plus guère de valeur. C'est peut-être justement la délicatesse de sa conscience intellectuelle qui le fait hésiter et s'arrêter en route. Il craint la séduction qui l'entraînerait à être dilettante. (Nietzsche, 1886, § 205)

Avec quelle ironie on lit ces lignes aujourd'hui ! Ne serait-ce qu'en termes d'informations, les difficultés rencontrées par celui qui chercherait à atteindre « la hauteur nécessaire à une vision d'ensemble et circulaire » ont gagné plusieurs ordres de magnitude. Nietzsche pose la question, cette situation n'est-elle pas elle-même un problème philosophique ? La vision d'ensemble et circulaire vaut-elle plus que le dilettantisme ? Le philosophe est-il capable de tisser ensemble la sagesse de l'ancien et l'*eros* du renouveau ? Sommes-nous capables de concevoir des stratégies dignes de répondre à ces questionnements ?

Il faut reconnaître que les questions soulevées par Nietzsche ont reçu bien peu de réponses dans la littérature philosophique. Rares ont été ceux qui ont construit une défense philosophique de l'idée selon laquelle une part du travail philosophique est généraliste, mission différente de l'ontologie locale et de « l'excavation de niche » qui occupe toute l'académie. L'idée a été vite écartée, accusée d'être une vulgaire « philosophie *Weltanschauung* » (philosophie de conception du monde), ou une foucade de jeunes à l'esprit tourneboulé par les existentialistes. Aucun n'a imaginé que l'idée de l'homme portée par la Renaissance pouvait être repensée à la lumière des bouleversements épistémiques du XXe siècle (et du début du XXIe siècle).

Au contraire, la communauté philosophique a refusé d'explorer les implications de la philosophie comme ontologie fondamentale, non locale, et elle a répondu à la croissance massive des savoirs par la logique disciplinaire : se convertir à la division du travail d'Adam Smith, définir des standards d'excellence basés sur des critères internes, validés par les pairs. La recherche philosophique est devenue le pré carré des spécialistes – des analyses complexes, additions incrémentales à la littérature savante de tel ou tel sous-domaine, écrites dans une prose que seuls les pairs de la discipline (ou de la sous-discipline) sont capables de déchiffrer.

Un simple coup d'œil sur quelques titres (tous publiés après 2005) dans des revues de premier plan :

Philosophical Studies

- « Exemplarisation et Auto-Présentation : la Conscience chez Lehrer et Meinong » ;
- « Pourquoi Parfit n'est pas allé assez loin ? » ;
- « Jugements impactant et relations de contrepartie saturantes ».

Philosophical Review

– « Précision, chance, et le principe principiel » ;

– « De l'inconcevabilité supposée de répliques absentes des *qualia* fonctionnels – Une réponse à Tye ».

Journal of Philosophy

– « Identité intentionnelle intrasubjective » ;

– « La question de la soustraction dans le nihilisme métaphysique » ;

– « Essentialisme actualiste et possibilités générales ».

Aucun de ces titres d'articles n'évoque rien pour le grand public, ni même pour un docteur ès autre-chose-que-philosophie. Il faut bien reconnaître que ces titres sont également obscurs pour les philosophes qui n'appartiennent pas spécifiquement à ces champs-là. Tous ces travaux supposent la connaissance préalable d'une littérature très spécialisée et d'un jargon technique – une indication parmi d'autres de ce que représente pour la philosophie le fait d'être devenue une discipline.

Comparons avec ce que nous pouvons observer dans un autre domaine. La chimie est un domaine limité – une ontologie locale – qui demande une expertise technique. Nous autres, béotiens, ne pouvons imaginer comprendre le sens des articles publiés dans une revue savante, même si nous aimerions pouvoir lire une synthèse écrite pour les non-spécialistes. Tout le monde ne peut pas être chimiste et personne n'a le devoir de l'être.

En revanche nous sommes tous traversés de questions philosophiques, dans notre vie professionnelle et personnelle, tout au long de notre vie. Les revues philosophiques de référence ne devraient-elles pas être le reflet de cette réalité ? Un certain nombre d'articles ne pourraient-ils pas être accessibles au plus grand nombre ?[6]

Soyons clairs : je ne suis pas en train de dire que les travaux des spécialistes ne sont pas de la philosophie. Mais il faut les reconnaître pour ce qu'ils sont : de la philosophie d'un genre particulier, le genre disciplinaire.

Depuis sa naissance dans la Grèce antique, la philosophie a existé en tension avec les préjugés, les idoles, les demandes de la communauté. Le conflit entre le philosophe et la *polis* a eu plusieurs conséquences. Parfois,il y a eu rupture brutale de la communication, comme le montre la mort de Socrate. D'autres fois, cela a été une source de créativité, comme le montre (c'est la lecture qu'en fait Leo Strauss) l'apparition de la forme du dialogue, qui préserve la possibilité pour le philosophe de s'exprimer. Mais, alors que les travaux philosophiques de nature technique ont toujours existé, ce n'est qu'au XXe siècle que la philosophie a décidé de trancher le nœud gordien en devenant exclusivement disciplinaire[7]. Face à l'explosion des savoirs et aux complexités de la communication avec un public élargi dans le cadre d'une culture démocratique, au lieu d'opter pour des solutions innovantes comme le philosophe bureaucrate, les philosophes ont mis un terme à toute forme d'engagement auprès des membres de la communauté, enseignement excepté.

Pour rendre compte avec exactitude de la façon dont elle s'est définie historiquement, la philosophie a toujours été la fusion de deux parts à peu près égales, la pensée interne

---

6. Dans un article pour *Newsday* intitulé « Has Philosophy Lost Contact with People ? » W.V.O. Quine écrit : « prenez la chimie organique; je reconnais son importance, mais je ne suis pas intéressé, et je ne vois pas quel intérêt les profanes trouveraient à mes préoccupations philosophiques. » Merci à Douglas B. Quine pour cette citation.

7. Ou presque exclusivement, selon Bertrand Russell.

et la pensée externe – des débats entre les membres de la famille et une analyse approfondie des problématiques qui nous concernent tous, pas simplement la communauté philosophique disciplinaire. Les deux parties sont complémentaires : la philosophie disciplinaire a besoin d'air frais, elle profite du grand-angle qu'offre la philosophie dédisciplinée; celle-ci, à son tour, gagne en précision et en profondeur grâce aux apports de la philosophie disciplinaire. Avant de pouvoir donner de la force à cette complémentarité, il est nécessaire de reconnaître ce que nous avons fait. Comme le bourgeois gentilhomme de Molière découvrant qu'il disait de la prose sans le savoir, les philosophes doivent ouvrir les yeux sur leur nature disciplinaire. On repère le caractère dogmatique de la philosophie du XXe siècle au simple fait que sa nature essentiellement disciplinaire n'a jamais été l'objet d'aucune forme de réflexion.

LES PAIRS PHILOSOPHES[8]

Dans un système de gouvernement représentatif le pouvoir appartient au peuple, au moins par intermittence, via les élections, les référendums, les procédures de destitutions des élus. C'est particulièrement vrai en Amérique, où chacun peut contrôler tous les autres à travers le système des *checks and balances* (les procédures de contrôles et de contrepoids). On trouve malgré cela au moins une grande institution qui vit encore selon les principes de la gouvernance de Platon[9], fièrement non-démocratique, cramponnée à son autogouvernance : l'académie.

Pour justifier leur autogouvernance, les universitaires ont à leur disposition une réponse toute faite : les personnes étrangères à leur discipline sont dans l'incapacité d'évaluer leurs travaux. Ils ont donc mis au point un instrument d'autoévaluation : l'évaluation par les pairs. Publication des articles et des ouvrages savants, attribution des bourses, titularisations et promotions, être évalué par ses pairs a longtemps été l'alpha et l'oméga de la vie académique.

Demandons-nous : comment reconnaît-on un pair? L'université fournit une réponse disciplinaire à cette question, chaque spécialité ou sous-spécialité étant dignes d'évaluer ceux qui en font partie. La philosophie n'échappe pas à la règle : bien qu'ils prétendent que la philosophie peut s'appliquer à la vie de tous les jours, ils écrivent en réalité pour les pairs de la discipline qui les évaluent en retour. Un philosophe ne jouit d'aucune forme de considération tant que son nom ne figure pas dans des revues savantes de premier plan, avec comité de lecture, dont le contenu reflète les débats internes de tel ou tel sous-domaine.

La philosophie est-elle tenue au même degré d'érudition, de technicité, de citations, d'insularité, de contrôle par les pairs, que les autres disciplines? L'une des étrangetés de la philosophie contemporaine est la remarquable rareté de cette question. Allez voir un département de philosophie pour préparer un diplôme et inscrivez-vous en philosophie antique : il va de soi que le professeur connaît les philosophes grecs et la littérature savante couvrant le domaine. Ce sont les marqueurs, les points de repère habituels du discours philosophique disciplinaire. En soi ça n'est pas une mauvaise chose. Ce qui est drôle en revanche, c'est que les philosophes grecs dont on parle n'avaient « pas » de littérature savante. Ils n'avaient pas non plus toute cette érudition critique, telle qu'elle est définie aujourd'hui. Les philosophes étaient des penseurs, pas des érudits.

8. On trouve une autre version de ce développement dans Frodeman, Holbrook et Briggle, 2012.

9. Voir Chapitre 1, note 7.

On peut comprendre cet état de fait comme une question de technologie; le papier était cher, la reproduction d'un manuscrit une entreprise laborieuse; les livres étaient des raretés, les revues n'existaient pas. Il est quand même étrange d'imaginer que Platon et Aristote auraient été des érudits conformes, écrivant pour un public d'adeptes, si seulement ils avaient eu à leur disposition une base de données comme le *Philosopher's Index* et une connexion Internet. Les Grecs savaient faire la distinction entre l'étroit et le large, entre savoir ésotérique et savoir exotérique. Ceci étant, ces points sont différents de la reconnaissance de la disciplinarité. Socrate était célèbre parce qu'il s'adressait à chacun, sans considération pour son statut social, mais le jour de son jugement, il dut faire face à un jury composé de 500 Athéniens, ses pairs. Le verdict lui déplut certainement, mais il ne remit pas en cause la légitimité de l'assemblée.

Je le redis, maîtriser une langue étrangère et atteindre un certain niveau d'érudition ne sont pas de mauvaises choses en soi. Mais la vie et la réflexion philosophique forment à de nombreux points de vue un jeu à somme nulle. Le temps passé à apprendre le grec et à lire les dernières publications de la littérature savante est du temps qui n'est pas passé à chercher comment la pensée de Platon, d'Aristote ou de Quine peut nous aider à résoudre les problèmes de l'Institut d'études géologiques des États-Unis ou ceux de nos concitoyens. Oui, un minimum de connaissances sur la pensée de Platon est nécessaire pour pouvoir s'en servir dans un autre contexte. Mais savoir comment on définit ce minimum est en soi une question philosophique.

Ce point se répète à de nombreuses reprises tout au long de l'histoire de l'Occident : Bacon, Machiavel, Descartes, Leibniz, Locke, Marx et Nietzsche, tous ont écrit pour un large public de lecteurs sérieux, et tous se sont soumis à son jugement. On se demande quel regard ils auraient porté sur ce qui constitue la philosophie du xxe siècle – un domaine autocentré, d'une haute technicité, qui fait le plus grand cas de la rigueur intellectuelle au détriment d'autres valeurs comme l'intérêt ou l'à-propos.

L'idée de reconnaître un pair par-delà les frontières de la discipline pourrait prendre de nombreuses formes. Nous pourrions inviter des non-philosophes et des non-universitaires à participer à l'évaluation par les pairs. Nous pourrions aussi juger de la valeur philosophique en prenant en compte d'autres critères : les publications dans des revues populaires ou les articles dans les journaux; le nombre de vues sur les blogs, le nombre de retweets concernant des articles ou des ouvrages; les interventions dans les médias; les bourses obtenues pour mener à bien des travaux philosophiques inter et transdisciplinaires.

De telles propositions vont devoir affronter de violents vents contraires. Comparons-les avec le seul grand système d'évaluation existant en philosophie, le *Philosophical Gourmet Report* (PGR) de Brian Leiter. En soi le PGR est déjà une exception, puisqu'il traite les aspects institutionnels de la profession. Il propose une série de jugements (destinés en premier lieu aux futurs diplômés) concernant la qualité des départements de philosophie en général et également des différents domaines. En somme, le PGR est une rareté : la question du statut institutionnel de la philosophie est absente de la littérature savante, alors qu'elle est sur toutes les langues dans d'innombrables dîners-conférences.[10]

---

10. Dans l'une des rares études philosophiques existant sur le PGR, « Our Naked Emperor : the Philosophical Gourmet Report », Zackery Ernst cite d'emblée Chomsky et, ironiquement, ajoute en note : « Mes excuses à Noam Chomsky de le citer à propos d'un sujet aussi insignifiant. » (Ernst, 2009).

Quels sont les critères retenus par le PGR pour évaluer les départements ? Leiter donne la liste des philosophes dont les avis ont déterminé les résultats de l'étude. En 2011, 500 philosophes ont été sollicités, et un peu plus de 300 ont répondu. Pourquoi ces 500 philosophes, parmi un total de 15 000 à 20 000 titulaires d'un doctorat en philosophie qui travaillent dans les universités du pays ? Réponse de Leiter :

> Les évaluateurs ont été sélectionnés dans un esprit d'équilibre en termes de domaines, d'âge, de formation – bien que les avis des facultés impliquées dans la recherche aient systématiquement été sollicités, on retrouve nécessairement dans la liste un grand nombre d'anciens étudiants des principaux programmes d'enseignement. Environ la moitié des évaluateurs participaient déjà à l'évaluation les années précédentes, les nouveaux venus ayant été désignés par le bureau de sélection dans les facultés impliquées dans la recherche.

Comment on applique un « esprit d'équilibre » à des qualités comme l'âge, le domaine et la formation, reste un mystère. Sans compter qu'aucune de ces qualités n'est clairement qualifiée, alors qu'on peut leur appliquer de nombreuses définitions. Par exemple pour ce qui est du « domaine », il est possible d'inclure ou d'exclure n'importe quel champ de recherche, et d'appliquer d'innombrables divisions et sous-divisions (comme cette simple question de granularité : quelle est la catégorie retenue : « philosophie grecque antique », ou « Platon », ou bien « premiers dialogues de Platon » ? On pourrait faire le même type de commentaires à propos de la « philosophie continentale », superbement méprisée par Leiter). On peut supposer qu'« impliqués dans la recherche » signifie « publient beaucoup », mais c'est encore tendancieux. Il faut probablement lire « publications évaluées par les pairs dans des revues de premier plan », mais qui sont les pairs et quelles sont les revues « de premier plan » n'est pas dit et encore moins défini. La boucle est bouclée quand les membres actuels du système d'évaluation nomment les nouveaux membres parmi leurs collègues.

Comment s'étonner dans ces conditions que les résultats de Leiter aient été « remarquablement stables » année après année ? Et plus important : Leiter ne se pose jamais la question de savoir ce que deviendrait son classement si les philosophes évaluateurs étaient choisis au hasard. Pas plus qu'il ne s'intéresse à une évaluation des départements de philosophie réalisée par des non-philosophes, ou bien à un classement prenant en compte les citations hors revues savantes, le nombre de bourses et de financements reçus par les programmes de recherche, ou le degré d'implication des départements de recherche dans la vie de la communauté. Le positionnement de Leiter vis-à-vis de l'institution philosophique est ainsi de nature remarquablement disciplinaire (pour ne pas dire dogmatique).

Cette question – penser les expressions institutionnelles de la philosophie – reste un point aveugle. On aurait pu penser que les articles réunis par Cohen et Dascal en 1999 dans *The Institution of Philosophy* sauraient ouvrir un débat sur le statut institutionnel de ce domaine. En réalité l'ouvrage ne mentionne pas une seule fois la structuration institutionnelle de la philosophie (!). Il se contente d'analyser les implications théoriques de différentes approches critiques postmodernes de la philosophie. De même, dans l'introduction de son ouvrage *The Future for Philosophy*, publié en 2007, Leiter pose la question « métaphilosophique » de ce que l'on fait lorsqu'on « *fait* de la philosophie ». Il ressort, ici, que faire de la philosophie signifie « faire de la philosophie de l'esprit, du langage et de la science, mais aussi de l'éthique, de l'épistémologie, de la philosophie féministe et de l'histoire de la philosophie » (souligné par Leiter). C'est toujours la même vieille rengaine : des idées neuves, peut-être, mais toujours raccordées à ce qui intéresse les pairs. Imaginer une fonction sociale élargie pour la philosophie n'est même pas une hypothèse.

On distingue aujourd'hui les signes encourageants d'un changement. Des philosophes respectés lancent des appels pour « chambouler » la philosophie, et briser cette interminable fascination pour ce qui serait l'équivalent philosophique « d'ornementer le *Quadruple trémolo 41* avec un trille supplémentaire » (Kitcher, 2011). En 2010, le *New York Times* a ouvert un blog intitulé *The Stone*, où sont publiés des essais philosophiques courts destinés à un large public. Les conférences se sont multipliées, aux États-Unis et ailleurs, qui interrogent le rôle de la philosophie dans la société. Au Royaume-Uni et en Europe, le mouvement est encore plus marqué, comme le montrent la création de *The Philosopher's Magazine* et *HowTheLightGetsIn*, un festival annuel de musique et de philosophie au pays de Galles. On remarque aussi des évolutions au sein de l'institution : dans la School of Public Policy de Georgia Tech, des philosophes sont membres de la faculté d'interdisciplinarité ; on voit se créer des instituts d'éthique comme le Center for Global Ethics à la George Mason University, ou le Rock Ethics Institute à Penn State ; le département Philosophy and Religious Studies de l'université de North Texas accueille des professeurs qui n'ont pas de doctorat en philosophie ; enfin, l'Arizona State University a recruté des philosophes dans ses différentes facultés.

Jusqu'à présent, toutefois, le mouvement n'a pas touché au cœur institutionnel de la discipline, comme en témoignent les résultats d'une étude sur les programmes de philosophie menée par le Center for the Study of Interdisciplinarity (Frodeman, 2013). Les programmes de doctorats ne semblent pas avoir été réformés de façon à inclure une formation sur les bourses de recherche de la NSF (National Science Foundation), ou sur la meilleure façon de travailler en collaboration avec les acteurs de la société civile. Quel que soit le niveau universitaire considéré, on ne note aucun enseignement consacré à la mise en place de projets en coopération avec des non-philosophes.[11] De même, dans la littérature philosophique, rien, ou pratiquement rien, n'insiste sur la nécessité d'adapter nos critères d'excellence philosophique aux circonstances et aux différents publics auxquels on s'adresse. La question soulevée par Nietzsche – de savoir s'il existe un espace conceptuel entre ceux qui « s'égarent dans les coins et les recoins poussiéreux » et les dilettantes – personne n'y répond.

Certains soutiendront que l'idée d'ouvrir le cercle de nos pairs philosophiques à des non-philosophes expose la philosophie à toutes les corruptions du *dèmos*. Verra-t-on le verbe philosopher devenir synonyme de simple concours de popularité, les philosophes étant promus sur la base de leur score Klout, ou du nombre de *likes* récoltés par leurs *posts* sur Facebook ? Il est vrai que si les philosophes élargissent le cercle de leurs pairs, ils perdront une partie du contrôle qu'ils détiennent sur les outils de mesure de l'excellence philosophique. Peut-être un mal pour un bien.

Dédiscipliner la philosophie comporte un autre risque : que la philosophie devienne un simple instrument d'accomplissement de fins externes. La peur, ici, n'est pas qu'en abandonnant l'évaluation par les pairs nous soyons exposés à l'erreur. C'est plutôt que la seule alternative à la valeur telle que la mesurent les pairs disciplinaires soit un utilitarisme grossier jaugeant la valeur philosophique à l'aune de l'efficacité avec laquelle on sert les intérêts de ses commanditaires. On tressera une couronne à ce philosophe qui a bien

11. Exception notable : Elon University qui a un programme innovant de stages diplômants en entreprise, destinés aux spécialistes en philosophie.

su faire passer le programme raciste de tel homme politique, et on blâmera celui-là qui s'est montré incapable de faire grimper le bénéfice net de telle société. Au fond, dédiscipliner la philosophie, ne serait-ce pas quitter Socrate pour revenir à la sophistique? La philosophie va-t-elle vendre ses services à qui est prêt à payer, ajustant son message pour satisfaire les objectifs et les critères du client? Pour voir naître le XXIIe siècle, faut-il vendre l'âme de la philosophie au début du XXIe siècle?

Il existe deux réponses à ces questions.

Un, la philosophie existait bien avant la construction au XXe siècle de ce modèle académique et disciplinaire. La lutte entre la philosophie et la sophistique est éternelle, on ne se vend pas nécessairement lorsqu'on écrit pour le grand public, et on n'est pas nécessairement dans la pureté lorsqu'on reste dans son cadre disciplinaire.

Deux, comme je l'ai déjà indiqué, approche disciplinaire et approche dédisciplinaire de la philosophie doivent être regardées comme complémentaires, pas antagonistes. La rigueur est pluraliste : la rigueur du travail disciplinaire est différente – pas meilleure ou pire – du soin requis pour adapter sa pensée aux exigences du monde réel. C'est un point bien compris, depuis longtemps, par les bioéthiciens. Comme je l'ai relevé plus tôt, dans son article de 1973 « Bioethics as a Discipline », Daniel Callahan soulignait que mener une réflexion philosophique avec des médecins, des scientifiques, des investisseurs, requérait « une rigueur... d'une nature différente de celle habituellement exigée par les disciplines scientifiques ou philosophiques traditionnelles. » La bioéthique existe sous deux formes, disciplinaire et non-disciplinaire, capables de vivre en synergie. Ceci nous apprend que nous ne sommes pas forcés de choisir, par principe, entre telle définition de la communauté des pairs et telle autre.

À une époque où on exige des universités davantage de responsabilité sociale, les philosophes devraient conduire la réflexion sur ce que signifie cette « responsabilité ». Autrement nous serons condamnés à subir les injonctions du M. Gradgrind de Dickens :

> — Or donc, ce qu'il me faut, ce sont des Faits. Vous n'enseignerez à ces garçons et à ces filles que des Faits. Dans la vie on n'a besoin que de Faits. (Dickens, 1854)

Une analyse philosophique de la responsabilité passera également par un réexamen des frontières du champ philosophique. À ceux qui réclament une plus grande responsabilité sociale, nous devons répondre comme Socrate à Euthyphron au sujet de la piété.

LIMITES DE LA PHILOSOPHIE APPLIQUÉE

Comme le relève Kuklick, en 100 ans les philosophes ont développé des moyens de plus en plus sophistiqués pour traiter les problématiques philosophiques (Kuklick, 2003). Une grande partie de ces travaux ont leur utilité pour traiter des questions pratiques. C'est toutefois très différent de participer à la prise de décision au niveau d'un projet concret, chose que les philosophes ont presque toujours évitée. Ce n'est pas un hasard. L'excellence disciplinaire en philosophie mène naturellement à une certaine prise de distance vis-à-vis des problèmes du monde réel. Ce qui pose la question de la viabilité d'une tradition intellectuelle enracinée dans l'engagement de Socrate envers la *polis*.

Le discours inaugural de William James posait implicitement différentes questions métaphilosophiques aux philosophes. J'ose espérer avoir indiqué clairement que pour des raisons à la fois pragmatiques et philosophiques, la métaphilosophie aujourd'hui doit inclure une réflexion sur la relation unissant la philosophie à la société, et mener des expérimentations pratiques. Ce qui signifie :

– faire ressortir les détails théoriques et pratiques des travaux entrepris par les philosophes pour et avec des non-philosophes ;
– recenser les avantages et les inconvénients d'accueillir des philosophes (et autres spécialistes en sciences humaines) dans différents départements, dans des entreprises, des organismes publics ;
– définir les moyens d'intégrer des études de cas philosophiques dans l'agenda quotidien des secteurs publics et privés.

Lier les aspects institutionnels et théoriques de nos travaux, étendre notre foyer philosophique au-delà du département, devrait inciter les philosophes à revoir leurs sujets d'étude, les cadres dans lesquels ils interviennent, la nature de leur production, la question des coûts, les critères qu'ils reconnaissent, les publics auxquels ils s'adressent.

Lorsque la philosophie s'est constituée en discipline, imitant le mouvement disciplinaire général de l'académie, les philosophes sont de plus en plus clairement devenus la communauté de référence des travaux philosophiques, c'est-à-dire tous ceux ayant suivi un apprentissage technique dans la discipline, consacrés par le doctorat. Il y a eu quelques tentatives pour équilibrer précision technique et utilité sociale, comme les travaux du cercle de Vienne, mais elles ont été fragilisées par différentes circonstances : la Seconde Guerre mondiale, des décès prématurés et la guerre froide (Reisch, 2005). Des philosophes aussi différents que Bertrand Russell et John Dewey ont su écrire à la fois pour les philosophes et des publics plus larges. Avec le temps, toutefois, il y a eu un mouvement de fond vers des travaux de plus en plus disciplinaires.

Les années 1960 ont connu un contre-mouvement : la philosophie appliquée. La philosophie appliquée – ou plus communément « éthique appliquée » – est une dénomination ambivalente. Quand Thalès prit le contrôle des pressoirs à olives il y a 2 500 ans, on pourrait soutenir qu'il faisait de la philosophie appliquée. Plus sérieusement, peut-être, Thomas d'Aquin (qui a écrit sur le mariage) et John Locke (qui a écrit sur l'éducation et sur la tolérance) sont des figures admissibles. Ceci étant, en suivant ces simples critères, on pourrait ajouter à la liste pratiquement tous les philosophes de l'histoire de la philosophie.

Ce faisant on oublie un point fondamental, ce sont des figures prédisciplinaires. Or la philosophie appliquée a été un mouvement inscrit dans le contexte du XXe siècle, en réaction au défaut d'applications pratiques de la philosophie disciplinaire. La question qui nous intéresse est de savoir si (et si oui, jusqu'à quel point) ce mouvement a réussi à s'arracher à la force gravitationnelle de la disciplinarité. D'après moi, la réponse est non, car ce mouvement n'a pas été capable de penser les dimensions institutionnelles et théoriques qu'impliquent les actes d'écrire et de faire de la philosophie pour un public autre que les pairs. Un exemple : si la philosophie appliquée avait réussi à travailler avec des publics non-disciplinaires, il aurait fallu transformer la structure de reconnaissance de la faculté, de façon à ce que la faculté puisse valoriser le temps et les efforts consacrés à ces travaux, au lieu de les pénaliser, ce qui a toujours été le cas.

Depuis les années 1960, la philosophie appliquée n'a eu qu'un rôle mineur au sein de la discipline. À l'origine, le virage opéré par certains philosophes en direction de la dimension pratique a été déclenché par des controverses sociétales liées à l'environnement, à la santé publique, à des ratages technologiques. L'éthique appliquée a alors su élargir le champ de ce qui était considéré comme proprement « philosophique ». De fait, Stephen Toulmin a pu affirmer en 1982 que « la médecine a sauvé la vie de l'éthique », dans la mesure où l'éthique médicale et d'autres domaines appliqués ont sauvé la philosophie d'une mort par inutilité. La philosophie appliquée a été capable de montrer que les problèmes du monde réel ont des dimensions philosophiques, et qu'un philosophe est à même d'apporter des contributions intéressantes et importantes lorsqu'il s'agit de traiter ces problèmes. Réintroduire ou non le loup dans le parc de Yellowstone ou répartir les budgets limités de la santé ne sont pas des questions auxquelles les formes instrumentales de l'expertise peuvent répondre. Elles mettent en jeu des questions de justice, de détermination des principes premiers, d'épistémologie et de définition du bien – matières mêmes de la philosophie.

Malgré cela, le mouvement est resté à la marge de la philosophie. Son institutionnalisation a été tardive : la Society for Applied Studies a été fondée en 1982 ; sa revue, *The Journal of Applied Philosophy*, a vu le jour en 1984 et l'*International Journal of Applied Philosophy* est apparu en 1982. Pour ce qui est des revues plus spécialisées, *Environmental Ethics*, pionnière dans son domaine, est née en 1979, et le *Hastings Center Report*, première revue de bioéthique, a démarré la publication en 1971.

La philosophie appliquée est à l'origine de contributions nuancées sur le plan théorique, et pertinentes pour les disciplines STEM (Science, Technology, Engineering, Math) comme pour les responsables des politiques publiques. La bioéthique peut se targuer de ses efforts pour accompagner les non-philosophes sur les chemins complexes et tortueux des réalités médicales. Ces dernières années, on a remarqué des appels pour que la philosophie des sciences s'engage davantage sur le terrain social (par exemple Longino, 2002, et la création de la Society for the Philosophy of Science in Practice (SPSP)). Malgré tout, la philosophie appliquée est un échec. Elle ne l'est pas si l'on considère qu'elle a réussi à faire apparaître une nouvelle subdivision du travail philosophique approfondi destiné à un groupe de pairs philosophes. C'est un échec si l'on se souvient que son but premier était de servir les gens et les institutions dans toutes les situations de la vie où se présentent des problématiques relevant de la philosophie.

Faire ici un tableau complet de la philosophie appliquée ces 50 dernières années nécessiterait de rendre compte de ses nombreux sous-domaines et m'éloignerait de mon propos. Examinons simplement à titre d'exemples les cas de deux domaines, l'éthique environnementale et la bioéthique.

L'éthique environnementale est une approche particulière des questions éthiques. Examiner le problème de la restauration d'un écosystème ou celui des espèces invasives était radicalement différent de la question du libre arbitre et de toutes les abstractions qui ont occupé la philosophie du XXe siècle. Cependant, malgré la différence des recherches sur les problèmes du monde réel, les éthiciens de l'environnement ont mené leurs travaux de façon très traditionnelle. Jamais ils ne se sont demandé quelles pouvaient être les conséquences de la nature disciplinaire et institutionnelle de la philosophie sur l'efficacité pratique de leurs études. En restant une entreprise essentiellement disciplinaire, l'éthique environnementale s'est consignée elle-même aux marges de la philosophie comme à celles de la société.

Comme je l'ai indiqué plus haut, Eugene Hargrove n'a cessé de déplorer l'impotence sociale de l'éthique environnementale. Selon lui, l'éthique environnementale a été marginalisée par les présupposés philosophiques qui sous-tendent l'évaluation des politiques publiques, à savoir que les motivations humaines sont modelées par les considérations économiques. L'homme est un *homo economicus*, et par conséquent, puisqu'il est sous tutelle de ses ressentis subjectifs, la nécessité d'une réflexion éthique est nulle et non avenue. Mais dans les années 1990, les éthiciens environnementaux ont perçu la dimension politique des problématiques environnementales. Écoféministes, théoriciens de la justice environnementale, pragmatistes environnementaux, nombreux ont été ceux qui ont manifesté de l'impatience devant le manque d'applications pratiques du travail théorique. Dans *Toward Unity among Environmentalists* (1991), Bryan Norton souhaitait « définir d'abord l'environnementalisme comme une force agissante sur les politiques publiques, et examiner les questions philosophiques au coup par coup. »

Norton et Hargrove (1994) ont ensuite distingué entre philosophie appliquée et philosophie pratique – la première appliquant des principes philosophiques à des problèmes donnés, quand la seconde part de cas concrets et cherche à déterminer les problématiques philosophiques qu'ils soulèvent pour les traiter avec plus de pertinence et de nuance. Dans *Environmental Pragmatism*, Light et Katz (1996) ont également défendu l'idée d'une approche non-réductionniste et pluraliste capable de « définir les stratégies pratiques à même de bâtir des ponts entre théoriciens environnementaux, analystes des politiques publiques, activistes et société civile. »

En 1994, paraissait l'ouvrage de Van de Veer et Pierce, *The Environmental Ethics and Policy Book : Philosophy, Ecology, Economics*, réédité en 1997 et en 2003. On pouvait y lire un appel pour une meilleure prise en compte des questions de politiques publiques. Cependant la grande faiblesse de cet ouvrage est son incapacité à tenir sa promesse d'offrir des stratégies et des perspectives spécifiques dignes de dépasser les controverses du moment.

Même chose pour *Environmental Pragmatism*, malgré le but général affiché dans le livre, les essais rassemblés font de la philosophie appliquée – des analyses générales, théoriques, descendantes, des questions environnementales. Aucun travail de philosophe partant d'études de cas spécifiques – comme les problèmes que connaît l'Australie avec l'importation du renard européen, du lapin ou de la souris domestique. Personne ne remet en cause l'intérêt des travaux philosophiques généraux sur les questions environnementales, mais l'ouvrage est entièrement dédié à l'éthique appliquée et ne fait aucune place à l'éthique pratique. Dans le cas précis de l'éthique environnementale, le message était nouveau, mais le vecteur – la disciplinarité – restait le même. En somme, rares ont été les philosophes environnementaux qui ont pris en considération la distinction de Hargrove et Norton entre philosophie appliquée et philosophie pratique.

Cette forme de « capture disciplinaire » opère non seulement sur l'éthique environnementale mais aussi sur pratiquement tous les sous-domaines se rattachant à l'éthique appliquée. Contraste notable, depuis son apparition autour de problèmes soulevés par la science biomédicale et la technologie au début des années 1970, la bioéthique a prouvé qu'elle était consciente de son statut institutionnel et de son rôle dans le monde réel (notamment Ackerman, 1980, et Eckenwiler et Cohn, 2007). Cela vient en partie du fait que la bioéthique a émergé du croisement, et s'est construite par croisement, de plusieurs disciplines (philosophie, médecine, droit, science infirmière, science politique, sociologie, théologie, etc.), alors que l'éthique environnementale était une ramification de la philosophie seule. Les membres de cette discipline – bien avant qu'ils se désignent sous le nom de « bioéthiciens » – ont été des acteurs des politiques publiques, comme jamais les éthiciens de l'environnement.

Ainsi la bioéthique a pu échapper à la capture disciplinaire qui se refermait sur l'éthique environnementale. Ceci étant, la bioéthique a souffert, elle, d'une autre forme de capture et de disciplinarité. Lorsque Callahan affirmait que la bioéthique devait être un outil concret à la disposition de ceux qui affrontaient des problèmes concrets, c'était l'année suivant la révélation du scandale des expérimentations humaines de Tuskegee, et celle précédant la création de la première agence fédérale de bioéthique aux États-Unis. S'appuyant sur le fameux rapport Belmont, publié en 1979, cette agence a suivi la direction indiquée par Callahan.

Le rapport posait trois principes de base (respect des personnes, calcul bénéfices/risques de la recherche et justice) à même de « fournir un cadre analytique permettant de résoudre les problèmes éthiques liés à la conduite de la recherche avec des sujets humains. » En réalité, le rapport de Belmont est à l'origine d'une approche particulière de la bioéthique, le « principlisme », selon laquelle ces trois principes de base forment un lexique moral adapté à l'identification de tout dilemme bioéthique et à sa résolution. Le principlisme a régné en maître absolu au niveau des commissions fédérales de bioéthique pendant 30 ans (Briggle, 2010). Le principlisme est l'approche bioéthique enseignée à l'université de Georgetown, elle fut pionnière dans la formation et reste influente. En outre, c'est la conception de la bioéthique la plus souvent débattue, avec des pans entiers de la littérature qui l'attaquent (comme Baron, 2006) et des pans entiers qui la défendent (Beauchamp et Childress, 2008).

La conception principliste a permis à la bioéthique de jouer le rôle envisagé par Callahan, notamment dans le domaine de la recherche avec des sujets humains. En cela elle a su échapper à la capture disciplinaire qui a marginalisé l'éthique environnementale. En revanche elle a payé cher son utilité pratique et s'est retrouvée capturée d'une autre façon. Comme l'a écrit John Evans (2002), la bioéthique est devenue « instrumentaliste ». En vérité, à un discours relevant de la rationalité substantielle, le principlisme substitue un discours de rationalité formelle. La rationalité substantielle pense ensemble les fins et les moyens. Par contraste, la rationalité formelle cherche à savoir si les moyens employés sont optimisés pour atteindre les buts visés.

Avec l'approche principliste, les bioéthiciens ont posé la question des fins en préalable. Les trois buts, respect des personnes, calcul bénéfices/risques, justice, sont classiquement des positions libérales qui s'écartent des débats substantiels sur le bien vivre. Les seuls problèmes restant à traiter sont les questions instrumentales permettant d'atteindre les buts. Cela permet aux bioéthiciens d'entrer dans le cadre classique de l'expertise instrumentale, ce qui, en retour, explique leur influence sociale. Comme le souligne Moreno (2005), les bioéthiciens ont fait un compromis. Ils ont reçu une forme de pouvoir social attachée à l'étiquette « expert moral », en évacuant des questions profondes sur la transformation technoscientifique de la condition humaine.

Finalement, le succès transdisciplinaire de la bioéthique est aussi troublant que l'échec de la philosophie environnementale. Les bioéthiciens présentent comme une expertise objective, ce qui n'est en réalité qu'une manière contingente de cadrer des questions morales. Ils ont restreint les termes du débat et limité les options possibles sans que les termes même de la restriction ne soient débattus. En conséquence, sont exclues de fait toutes les problématiques qui n'entrent pas dans le moule prétendument neutre du principlisme. Que faire, par exemple, des interrogations suscitées par les hommes qui prétendent sortir de leur sphère d'action pour « jouer à Dieu », ou par la signification anthropologique profonde de la procréation ? De telles questions sont tout simplement passées sous silence.

Le savoir disciplinaire est un type de savoir défini par le sujet abordé, les outils ou la méthodologie, « pas » par la nature des problèmes traités ni par l'usage qu'on fait de ce savoir. Le savoir disciplinaire est un savoir qui coupe la relation entre les moyens et la fin, entre la production des savoirs et les utilisateurs, qui sont à l'extérieur de l'académie. Si le principlisme est victime d'une forme de capture disciplinaire, c'est parce qu'il construit une grille de lecture préétablie, au lieu de s'attacher avant tout aux particularités d'une question ou d'un problème donné. Cela revient à isoler et confiner un travail intellectuel crucial au seul domaine de l'expertise. Évidemment, cela permet de justifier leur position d'experts ; car c'est « comme cela » qu'on fait de la bioéthique.

Au fond, la bioéthique a suivi le chemin le plus facile pour atteindre l'objectif d'utilité sociale. Socrate allait dans le monde complètement nu, sans dogme préétabli, sans grille de lecture – ouvert à toute discussion possible. Cela demande un sens certain de l'imprévu, des renversements dialectiques, et une bonne vivacité d'esprit – qualités plus fréquentes en dehors de l'académie qu'à l'intérieur. La bioéthique, elle, se présente armée d'une expertise qui modèle toute rencontre autour des questions d'autonomie, de calcul bénéfices/risques, de justice. Elle se montre capable de clarifier et de résoudre certains problèmes, mais c'est en écartant ces questions de plus en plus centrales, qu'est-ce qu'une personne et quel « usage » peut-elle faire de son autonomie ?

Cet examen de deux sous-domaines de la philosophie appliquée soulève des questions essentielles : que doit faire la philosophie pour échapper à la capture disciplinaire ? Peut-on concevoir un travail qui ait un intérêt social et qui soit « en même temps » philosophiquement riche ? Les philosophes sont-ils au contraire condamnés à choisir entre deux positions également intenables : l'inutilité découlant de l'observation des règles disciplinaires, ou bien l'utilité au prix de la reconnaissance disciplinaire ?

Dédiscipliner la philosophie n'est pas sans risque. Si elle se déplace en direction du vaste monde, elle pourrait bien perdre sa fonction de critique sociale, ou se voir capturée par des intérêts puissants. Qui parle le langage de la vérité aux princes, risque d'être condamné à boire la ciguë (en termes plus contemporains, un sénateur outragé coupe les financements de vos recherches). En tout cas, ces questions illustrent la possibilité et la nécessité d'une nouvelle conception du travail philosophique, car chaque question ici posée est une question philosophique par nature. De toute façon vouloir se cramponner au statu quo au nom d'une liberté académique et d'une rigueur philosophique est non seulement insoutenable, mais irresponsable. Les philosophes, comme n'importe quelle corporation, ont le devoir de servir la communauté tout entière. Soyons l'incarnation de nos propres règles éthiques.

PORTER LA PHILOSOPHIE SUR LE TERRAIN

Le rhizome n'a pas de commencement ni de fin, mais toujours un milieu, par lequel il pousse et déborde.
Deleuze et Guattari, *Mille Plateaux*, 1980

Une autre approche est possible. La philosophie de terrain est une forme philosophique pratique, attachée à la résolution de problèmes, capable de traiter production des savoirs et usage des savoirs dans une dynamique intégrative. Les philosophes de terrain agissent au niveau des projets sur des problèmes identifiés par les acteurs sociaux. La philosophie de terrain intervient à partir de problèmes définis par des non-philosophes et cherche à « améliorer » les situations par des contributions ponctuelles qui accompagnent la recherche des solutions (Frodeman, Briggle et Holbrook, 2012). Le terme est essentiel : le but de la philosophie de terrain est d'atténuer les problèmes, pas de concevoir des solutions idéales.

Les philosophes de terrain apportent leur contribution par l'attention portée aux spécificités du cas étudié, en repérant les dimensions philosophiques en jeu, en les analysant, et en les explicitant. Ce travail de recherche s'adresse avant tout à des pairs non-disciplinaires dans des situations d'usage évolutives. Leurs activités disciplinaires sont principalement dirigées vers le partage de leurs connaissances afin d'améliorer des contributions non-disciplinaires. Ainsi, en parallèle aux critères disciplinaires de succès, les philosophes de terrain veulent que l'évaluation prenne aussi en compte leurs contributions aux débats publics et aux prises de décision. Au lieu des indicateurs bibliométriques standards, il faut des outils métriques capables de mesurer les impacts positifs sur les débats et les décisions. Dans ce cas, évaluer revient à adopter une approche pluraliste, au cas par cas, où la « rigueur » est à l'équilibre entre standard épistémologique et d'autres critères, comme la pertinence et l'à-propos (Briggle et Frodeman, 2011).

La philosophie de terrain s'apparenterait donc à une production de savoirs de « mode 2 », un concept issu des STS (Science and Technology Studies ; Gibbons *et al.*, 1994). Le mode 2 correspond au passage d'une recherche scientifique disciplinaire, fondamentale, à une recherche interdisciplinaire, socialement engagée, attachée à la résolution de problèmes concrets. Les philosophes de terrain soulignent le caractère touffu de la pensée qui se frotte au monde réel. La pensée doit explorer à tâtons des situations mal définies. La définition du problème, le cadrage correct de son analyse philosophique ne répondent à aucune détermination préétablie. De surcroît, il n'existe pas de détermination prédéfinie de ce qui serait une réponse acceptable. La rigueur appropriée se construit au cas par cas, en intégrant divers éléments comme la pertinence, l'à-propos, les coûts, le succès rhétorique.

La culture aujourd'hui est devenue un ensemble de réseaux et d'interstices mis en relation par des connexions intermittentes, transitoires et souterraines. La communication, dans la société et sur Internet, est rhizomatique : des liaisons partent dans toutes les directions, elles initient des échanges et des synergies imprévisibles. Surfer sur le Net n'a strictement rien à voir avec le modèle linéaire de l'argumentation, posé comme « rigoureux » par les philosophes théoriques ou appliqués.

Quand Deleuze et Guattari (1980) parlent de politique rhizomatique, ils parlent d'une approche souterraine des problèmes. La philosophie a toujours eu une forme de qualité souterraine. Remettre en cause le statu quo provoque la réaction ; mieux vaut laisser les idées s'insinuer ici et là. La majeure partie de l'interaction des philosophes de terrain avec les autres disciplines et avec la société dans son ensemble est en partie voilée et de nature interstitielle – révéler les hypothèses implicites, repérer les contradictions internes, connecter des idées disparates. La philosophie de terrain reconnaît le caractère libre et ouvert du travail philosophique, accompli dans les marges et la pénombre. Rien à voir, donc, avec la pureté de l'approche disciplinaire de l'éthique environnementale, ni avec la sûreté du principlisme de la bioéthique.

Pour résumer, cinq traits distinguent la philosophie de terrain de la philosophie disciplinaire :

- le travail en équipe ;
- un public et une approche de la problématique non-disciplinaires ;
- une production de savoirs dans le contexte de l'usage ;
- une définition contextuelle de la rigueur ;
- des modèles d'évaluation alternatifs.

Pour commencer, la philosophie de terrain contredit l'hypothèse selon laquelle le philosophe ne travaille bien que dans la solitude. Le portrait romantique du génie solitaire a largement perdu de sa pertinence. Partout dans le monde intellectuel le travail en équipe gagne du terrain ; les problèmes abordés sont d'une telle complexité que le regroupement des compétences est devenu une nécessité. Aux philosophes d'apprendre à fonctionner au sein d'un groupe, à la fois avec d'autres philosophes, et dans des collectifs réunissant différentes disciplines et différentes dimensions de la vie concrète.

Vient ensuite la question du public auquel on s'adresse. Les philosophes appliqués destinent parfois leur production à des non-philosophes, comme lorsqu'ils envoient tel article ou tel ouvrage à un destinataire dans le monde extérieur. Cela reste un geste *ad hoc* : ni la mise en œuvre, ni la production ne sont adaptées aux attentes spécifiques des non-philosophes. Résultat, les personnes extérieures à l'institution n'ont aucune influence réelle sur le travail théorique, que ce soit sur la rapidité de la publication, sur la longueur de l'ouvrage, ou sur le jargon utilisé.

Au contraire, le public principal auquel s'adresse la philosophie de terrain peut-être décrit comme un groupe particulier de non-philosophes avec un problème complexe à résoudre. Ces non-philosophes définissent à la fois ce qui leur pose problème et ce qui serait une solution ; les philosophes interviennent, au début tout au moins, dans ce cadre-là, et travaillent en coopération avec eux sur une base quotidienne ou hebdomadaire pendant des mois, voire des années. Cela signifie clairement que les philosophes de terrain ont un rôle marginal et interstitiel dans un processus plus large – au moins au démarrage du projet, avec le temps, leur influence peut grandir.

Troisièmement, cette approche implique pour la philosophie d'abandonner le modèle linéaire de la production des connaissances, selon lequel les connaissances sont produites sans relation avec leur usage. Les philosophes de terrain, eux, sont engagés dans un mouvement continu de coproduction des connaissances, où le contexte de l'usage détermine l'espace dans lequel se tient la pensée. Tandis que les pairs disciplinaires ont leur part dans le travail de réflexion académique, le philosophe de terrain accorde plus d'importance aux attentes et aux points de vue de ses pairs non-philosophes. À l'évidence, revenir vers les pairs de sa discipline pour rendre compte de ses travaux a une valeur certaine – c'est notamment un moyen de recruter de nouveaux philosophes de terrain. Mais ça n'est pas le point central. En d'autres mots, dans une approche de terrain, la philosophie se saisit de l'idée de Husserl et effectue « un retour aux choses mêmes », se frottant aux problèmes concrets du monde réel – et s'y tenant.

Quatre, la philosophie de terrain remet en question les normes de ce qui passe pour de la théorisation bien menée. La communauté disciplinaire n'est plus seule à décider de la validité d'un cadrage théorique ou de la valeur d'une analyse philosophique. Ici, le degré de rigueur théorique est déterminé au cas par cas, et induit par un ensemble composite de contraintes économiques, politiques, temporelles et rhétoriques. On pense au bureau, mais c'est pour mieux en ressortir, pour mieux y revenir, ainsi va le dialogue permanent de la pensée et de la pratique.

Enfin, le philosophe de terrain doit encore accomplir une tâche philosophique : déterminer quel est le succès de son entreprise. L'évaluation devient un travail hautement philosophique. Pour une grande part ce sont les autres qui jugent, puisque le philosophe de terrain est essentiellement là pour aider les autres à résoudre leurs propres problèmes. En même temps, la philosophie est tenue d'exercer un jugement critique. Si la pensée disciplinaire mesure le succès à l'aune de sa capacité à mieux comprendre le monde, la pensée de terrain mesure le succès en jaugeant sa capacité à répondre aux attentes des autres, comme ils les expriment eux-mêmes ; autrement dit, en jaugeant sa capacité à changer le monde.

CONCLUSION

J'ai présenté ces idées en de nombreuses occasions, devant des publics très différents. Lorsque la salle est remplie de non-philosophes, les réactions sont généralement positives. Les scientifiques, par exemple, sont enthousiastes à l'idée de travailler avec des philosophes sur des projets précis. L'accueil des salles de philosophes est souvent négatif. Je trouve étrange ce clivage, étant donné que les points que je développe me paraissent constituer une défense de la philosophie.

Les critiques des philosophes se rangent habituellement dans deux catégories.

La première se manifeste par des réactions de mépris ou d'indifférence. À leurs yeux, les points soulevés ne relèvent pas de l'argumentation philosophique, ce sont des généralités qui expriment une opinion « sur » la philosophie. De plus, ils s'estiment satisfaits de l'entreprise philosophique telle qu'elle est, et ne voient aucune urgence à la réformer.

La seconde catégorie est nettement plus hostile. L'idée générale est que la philosophie est déjà en état de siège, et que toute critique venant du camp des philosophes est une arme de plus offerte aux Philistins et autres ennemis de la philosophie.

Ces critiques réactivent l'idée selon laquelle le statu quo est soutenable. Je doute fort que ce soit réellement le cas, hormis pour quelques établissements d'élite. C'est néanmoins révélateur d'une importante barrière psychologique : tous les départements de philosophie cherchent à se calquer sur le modèle de Harvard ou de New York University. Penser que des départements de philosophie moins prestigieux pourraient redéfinir les lignes de la recherche philosophique va à l'encontre de 100 ans d'histoire institutionnelle. Ces critiques reflètent également un préjugé visant la métaphilosophie – le travail philosophique qui prend pour objet les conditions institutionnelles de la philosophie et ses possibles expressions sociales –, à savoir qu'elle n'est pas une catégorie sérieuse de la reflexion philosophique. Ce rejet est le même que le refus d'admettre que la philosophie du XXe siècle est d'essence disciplinaire. Ce qui se comprend : si la philosophie avait changé vers 1900, alors il serait à nouveau possible de construire autre chose, une approche plus-que-disciplinaire. Ce qui constituerait une menace pour l'architecture minutieuse de toutes les hiérarchies et de tous les jugements qui ont régi la profession.

Je dis qu'il est plus qu'évident que la philosophie a connu un changement important à la fin du XIXe siècle, en Amérique et en Europe. La création des premières revues de philosophie et la création des premières facultés, un mouvement marqué de professionnalisation, signent le tournant disciplinaire de la philosophie. Au lieu de le reconnaître, la philosophie se cramponne à une vision anhistorique qui relègue tout ce qui précède les *Principia Ethica* et les *Principia Mathematica* au rang de curiosités techniquement déficientes, et qui considère que les départements sont les demeures incontournables de la philosophie. Nous attendrons donc de voir si les perspectives présentées ici décrivent un point important pour la philosophie du XXIe siècle et sa culture.

Épilogue
Une vie indisciplinée

Nous oublions, après tout, que c'est, en général, la première personne qui parle toujours.
Thoreau, 1854

UN

Pour trouver les origines de ce livre, il faut remonter loin. Cela vaut peut-être la peine d'expliquer comment je suis devenu un philosophe dédisciplinė.

Quand j'étais enfant à Saint-Louis dans les années 1960, mon père travaillait le week-end dans un bowling. Il s'appelait South Twins Lanes. Pendant toute mon enfance et toute mon adolescence, il y passait ses samedis de 8 heures à 17 heures et ses dimanches de 9 heures à minuit. (La semaine, il travaillait comme représentant de commerce en serrurerie.) J'ai fini par y travailler moi aussi.

Ça n'était pas du tout un travail accablant. Pendant l'année scolaire, le samedi, les pistes étaient envahies par les gamins qui jouaient en compétition. Un des parents faisait office de délégué pour le championnat et mon père jouait le superviseur débonnaire et « bon vivant ». L'été, les pistes étaient souvent extraordinairement calmes. Dans ce cas on allait dehors jouer au baseball-capsule – une variante de baseball avec manche à balai et capsules de bouteilles ramassées derrière le bar. Les parties duraient des heures, dans une chaleur étouffante.

Les dimanches démarraient lentement. On apportait le petit-déjeuner, en général des donuts au chocolat bien bourratifs, et on mangeait silencieusement en lisant le *St. Louis Globe Democrat* (aujourd'hui disparu) – journal local qui penchait à droite, mais qui paraissait le matin et qui avait les meilleures pages sportives. Il y avait bien quelques mécréants qui venaient jouer au bowling au lieu d'aller à l'office, mais concrètement on n'avait rien à faire jusqu'en fin de matinée.

Alors, tout s'accélérait. Les mois d'hiver, surtout lorsqu'il pleuvait, les pistes étaient toutes prises dès midi : des adolescents, leurs copains, leurs copines, des familles au complet. La queue s'allongeait, le temps d'attente pouvait monter jusqu'à une heure et demie, mais à 18 heures il fallait libérer la moitié des pistes pour les compétitions qui duraient jusqu'à 21 heures. À 22 heures, quelques couche-tard jouaient jusqu'à la fermeture, à minuit.

Mon père était au guichet, il s'occupait de la location des chaussures, de la distribution des feuilles de score – il n'y avait pas de système électronique à l'époque. Au micro, il appelait les joueurs en attente quand une piste se libérait et signalait les appels téléphoniques (comme il n'y avait pas de portables, le téléphone du bowling faisait office *de facto* de cabine publique). Il tenait aussi la caisse, faisait la monnaie, et quand il ne bavardait pas avec ses copains, il faisait des rondes de police, distribuant des réprimandes aux agités et des taquineries aux amoureux qui se bécotaient.

En grandissant, j'ai fait la même chose. L'ambiance était libre, on faisait comme on voulait, et j'ai appris à m'occuper des clients. En général, l'après-midi mon père me laissait seul au guichet. Il filait dans le bar, qui était fermé (à cette époque, le Missouri avait des lois strictes pour préserver la morale publique), pour faire la sieste sur une banquette. C'est dans ce bar que j'ai vu à la télévision Neil Armstrong poser le pied sur la Lune, je passais le balai pour ramasser les vestiges d'une fête la veille au soir.

Le dimanche soir, après les compétitions, je faisais le ménage dans le bowling. Le choc des boules dans les quilles résonnait dans la salle pratiquement vide. Je passais le balai, je vidais les cendriers, je ramassais les bouteilles vides et je passais la cireuse pour remettre en état les pistes. J'allais le plus vite possible sur les pistes 1 à 8, puis sur les pistes 18 à 24, mais sur la section centrale je prenais tout mon temps. Je ne voulais rien rater des histoires qui n'étaient pas censées tomber dans mes oreilles. Mon père bavardait avec ses copains en vidant des bières qu'il avait sorties du bar fermé, et quand il devait faire la caisse, ses copains jouaient des parties gratuites. Jamais ils ne s'arrêtaient de parler, le monde était un interminable livre d'histoires : la dernière Guerre mondiale, la guerre de Corée, l'équipe de baseball de Saint-Louis, tous les ragots du bowling.

Quand j'étais petit, je ramassais les capsules par terre contre des parties gratuites. Plus tard j'ai pris du galon, je réparais les dépose-quilles automatiques. En général les machines marchaient bien, sauf quand une boule coinçait le mécanisme ou qu'un petit malin lançait sa boule dans le râteau. Ça me laissait beaucoup de temps pour lire. J'ai occupé ces heures avec Thoreau, Tolstoï et Dostoïevski ; puis est venu le tour d'Eiseley, de Stegner, de DeVoto, et enfin Woolf, Dillard et Faulkner.

Mes lectures faisaient beaucoup rire les amis de mon père. Ils aimaient me prendre le livre des mains pour déclamer un passage sur un ton grotesque, et en écorchant les mots. Mes livres passaient pour un ramassis d'âneries aussi inutiles qu'indéchiffrables. En général je jouais le jeu, parce que tout ça relevait de la comédie, mais parfois je défendais mes lectures, et j'expliquais que ces livres étaient des commentaires implicites de nos existences à tous. Autant dire que ça ne convainquait personne, bien évidemment. Mais j'ai grandi avec l'habitude de chercher des connexions entre la pensée profonde et la vie quotidienne – entre Dostoïevski et le bowling de South Twin Lanes. Une éducation précoce à l'interdisciplinarité et à la dédisciplinarité.

DEUX

Il y a quelque temps, je suis retourné à ce bowling. On l'avait rebaptisé, mais la salle était identique à ce qu'elle était il y a 40 ans. Mauvais signe. Le fils du propriétaire m'a accompagné derrière les pistes pour jeter un œil aux dépose-quilles, puis il m'a dit : « Les bowlings, c'est mort. Les jeunes ont mieux à faire. » Évidemment, jouer au bowling virtuel sur une Wii est beaucoup plus amusant que le bowling en vrai.

En tout cas, la salle de bowling fut ma première formation professionnelle. En entrant à l'université – St Louis University, où les Jésuites étaient rompus à l'art de discipliner les jeunes hommes turbulents – je voulais étudier la philosophie. J'aimais les lectures, mais j'ai découvert que je préférais les débats philosophiques (ou historiques, ou littéraires) avec des étudiants des filières scientifiques ou économiques, plutôt qu'avec les étudiants en philosophie. Les premiers n'étaient pas tous intéressés, bien sûr. Mais d'autres, nombreux, aimaient la controverse et se montraient capables de soulever des objections pointues, tout en raillant l'inutilité de la philosophie et des sciences humaines en général.

Plus surprenante – bien qu'avec le recul ça n'aurait pas dû m'étonner – était la réaction de mes camarades philosophes. Ils ne voyaient aucun intérêt à aller débattre avec des étudiants sans formation philosophique. Ça ne pouvait aboutir qu'à des conversations au ras des pâquerettes, avec obligation d'expliquer tous les concepts. Mieux valait parler à ceux qui avaient les connaissances. Le désintérêt des non-philosophes, je pouvais le comprendre, mais pas celui des spécialistes en sciences humaines, les philosophes en particulier, pourquoi refuser de débattre de l'intérêt de ces disciplines pour nos sociétés ? Au-delà des platitudes habituelles, j'entends. Leur attitude me faisait l'effet d'une trahison du principe premier de la philosophie – le principal – l'injonction socratique d'être parmi les gens sur tous les chemins de la vie. Au fond, Socrate fut inter et transdisciplinaire avant la lettre.

Bien sûr, à ce stade, je n'avais qu'une vague idée de ce qu'était la philosophie. J'y voyais un terrain d'exercice de la raison, la rationalité étant le radeau qui pourrait me faire voyager sur des mers agitées. La preuve et la logique formeraient des nœuds solides, et je me verrais pourvu d'un filet pour chaluter les grands fonds. Je partagerais ma pêche avec les autres, et les autres avec moi. Les problèmes seraient enfin résolus. Mais hélas il m'apparut que le filet était déchiré, qu'il m'était impossible de le ravauder en entier, seul ou avec l'aide de mes compagnons. Nous ne tombions même pas d'accord sur la nature de ce que nos filets avaient remonté.

Ces difficultés devinrent leur propre source d'intérêt. Chercher des solutions me fit faire des lectures dans d'autres disciplines : anthropologie, littérature, histoire, histoire de l'art et géologie. J'allai aussi explorer le champ de l'herméneutique, où l'on analyse les différences d'interprétation pour comprendre comment les raisonnements aboutissent à des désaccords. Ironiquement, cela ne fit qu'enfler le problème, car je découvris alors que les auteurs étaient en désaccord sur la nature même du désaccord.

D'un côté je sentais que j'avançais, de l'autre j'étais envahi de perplexités qui se multipliaient au fil de mes études. Ce constat me fit entrevoir quelque chose de la nature même de la connaissance. Étudier sans cesse est le contraire d'une bonne idée, c'est la pente qui vous plonge dans le terrier où les incertitudes croissent au lieu de décroître. Je notai par la même occasion que les gens épousaient facilement un tic épistémologique, sans se poser aucune question : pour se débrouiller avec la confusion des points de vue, ils choisissaient une discipline en particulier (éventuellement une sous-discipline) et s'y cramponnaient. C'était l'attitude qui passait pour « rigoureuse ». Or à mes yeux plonger dans une discipline n'était qu'un moyen commode d'éviter la question de savoir comment atteindre une compréhension commune à partir d'une multitude de points de vue. Rechercher l'approfondissement des connaissances menait souvent au « succès », mais au prix de la disparition des connexions latérales – et des fossés – entre les choses.

Globalement, l'exercice de la raison et l'étude étaient des biens admirables et précieux, mais on ne pouvait en user qu'à condition de ne pas en abuser. Une question centrale était apparue, jusqu'où aller ? La position de l'institution était visiblement qu'on pouvait pousser toute la machine aussi loin que le permettaient le temps et les financements. Vu par un œil esthète, cela pouvait peut-être passer, et moi-même j'appréciais les agréments d'un travail de pensée minutieux et approfondi. Mais l'œil social disait que c'était bizarre, voire dangereux. Peut-être même une folie. L'édifice de la connaissance me semblait désormais complètement sens dessus dessous, les points de vue les plus pertinents noyés dans une marée d'évidentes stupidités.

TROIS

Malgré tous ces doutes – et en partie grâce à eux – j'ai poursuivi mes études supérieures. J'ai étudié l'histoire chinoise moderne, puis la philosophie occidentale. Après une période de tâtonnements et de tribulations j'ai fini par écrire sur Hegel et sur Husserl, et j'ai pris un boulot de prof dans le sud du Texas, à l'université du Texas-Pan American. Le climat était pénible, la culture locale bizarre, et la charge des cours à assurer très lourde – quatre cours complets par semestre. Comme j'étais le dernier arrivé on m'a attribué les trois sections de logique à assurer chaque semestre. (J'étais libre de choisir la quatrième section, destinée aux spécialistes de philosophie, en second cycle.)

Au début je redoutais les cours de logique plus que tout. Ils sont vite devenus mes cours préférés : une occasion en or de parler philosophie avec des gens qui ensuite n'en feraient plus jamais. Le fameux *Logic*[1] de Copi laissé de côté, nous étudiions la logique dans les spots publicitaires, le marketing politique, les films ; la logique appliquée à la salle de classe, aux conditions sociales dans la vallée du Rio Grande. Mais avec les étudiants philosophes de second cycle, l'ambiance n'était pas la même. La philosophie ressemblait à un moyen d'échapper aux désordres de la vie quotidienne au lieu d'en être une exploration approfondie – ce qui s'explique peut-être par les difficultés de la vie dans le sud du Texas.

Je suis resté deux ans au Texas. Je suis parti pour reprendre des études en sciences de la Terre. J'avais le projet d'écrire une phénoménologie environnementale du Grand Canyon et du plateau du Colorado, et je ressentais le besoin d'en savoir plus sur les roches. Je me suis donc inscrit à l'université du Colorado. Mais le master en sciences de la Terre – en paléoclimatologie, version moderne de l'histoire naturelle – m'a mené dans une direction différente. Un jour, en 1993, l'Institut d'études géologiques des États-Unis m'a contacté. Newt Gingrich et les Républicains cherchaient à éliminer l'Institut, et les chercheurs voulaient qu'on les aide à démontrer l'utilité publique des sciences de la Terre. Pendant les huit années qui ont suivi, j'ai travaillé à mi-temps avec l'Institut, où j'ai aidé à mettre en relation attentes sociales et sciences de la Terre – une période où j'ai appris au moins autant que j'ai enseigné.

Les dix années suivantes ont vu défiler les emplois : un cours de philosophie et d'études environnementales à l'université du Tennessee ; un semestre complet au Natural Resources Law Center, université du Colorado ; une année comme professeur en sciences humaines (Hennebach Program) à la Colorado School of Mines ; enfin, un poste au Center for Science and Technology Policy Research, université du Colorado, où j'ai travaillé sur les questions de valeur et d'éthique des politiques publiques. J'étais devenu un touche-à-tout, un électron libre intellectuel, et quelque chose comme un transdisciplinaire. Financièrement ma position était bancale, mais c'était une vie agréable.

À ma grande surprise, parce que je pensais en avoir fini avec la philosophie académique, j'ai été invité à postuler pour la chaire de philosophie à l'université de North Texas (UNT). C'était à coup sûr le seul département de philosophie dans le pays qui pouvait penser à quelqu'un comme moi pour ce poste. Situé à la marge de la communauté philosophique – selon les critères de gens comme Leiter – les travaux de ce département

---

1. *Introduction to Logic*, manuel de référence de Irving M. Copi, Carl Cohen et Kenneth McMahon édité pour la première fois en 1953 et pour la quatorzième fois en 2014.

en éthique environnementale le plaçaient au centre de nombreuses problématiques sociétales, notamment le changement climatique. Je m'étais trouvé une maison d'accueil.

Après quatre années, je me posai une nouvelle série de questions. J'étais frappé par l'impuissance des bonnes idées lorsqu'elles n'entrent pas dans un cadre institutionnel approprié. Si les idées doivent avoir une vie publique et non une simple existence privée, alors il faut les mettre en pratique. Et il devint rapidement clair que la pratique philosophique exigeait bien plus qu'une simple « application » d'idées mises au point en laboratoire à une situation donnée. Cela a amorcé une nouvelle impulsion à la partie administrative de mes travaux, un point que j'ai tenté d'expliquer en forgeant cette notion assez impopulaire de « philosophe bureaucrate » (notamment Frodeman 2006 et Chapitre 4, section « Temps philosophiques, philosophes disciplinaires »).

J'ai découvert qu'institutionnaliser les idées demandait autant de pensée, et davantage d'habileté rhétorique, que la communication avec les collègues disciplinaires. Au même moment, l'intérêt de mon département pour les questions environnementales faisait que nous étions profondément engagés dans la recherche interdisciplinaire. Toutes les questions autour de la nature de l'interdisciplinarité prenaient de plus en plus d'importance. De quoi s'agissait-il exactement, pourquoi toutes ces difficultés, comment trouver la voie du succès ? Comment se faisait-il que l'interdisciplinarité était simultanément louée, ignorée, et sous-financée ?

Cela m'a conduit à lire la littérature sur l'interdisciplinarité. Ce que j'ai trouvé m'a laissé sur ma faim, en dépit des nombreux points de vue exposés par les chercheurs de ce domaine, et ce pour les raisons décrites au fil de ces pages. J'y ai vu une occasion à saisir et je suis allé voir le doyen avec le projet de créer le premier centre d'étude sur l'interdisciplinarité aux États-Unis.

Le Center for the Study of Interdisciplinarity a ouvert ses portes à l'université de North Texas en 2008. Au cours des années qui ont suivi nous avons étudié de nombreuses questions entourant l'interdisciplinarité et la transdisciplinarité via des études de cas. À travers nos nombreux projets, nous avons développé deux thèmes majeurs : le développement d'une philosophie de l'interdisciplinarité, l'analyse des voies par lesquelles philosophie et sciences humaines peuvent jouer un nouveau rôle dans le monde d'aujourd'hui – ce que nous avons finalement nommé dédiscipliner la philosophie. Un des résultats de nos efforts a été la publication de l'*Oxford Handbook of Interdisciplinarity* (2010). Un autre est l'ouvrage que vous avez entre les mains.

À l'heure où j'écris ces lignes, l'avenir du centre est incertain. Rien d'étonnant : les personnes comme les circonstances changent, les ressources économiques diminuent, les universités dépendent toujours de structures disciplinaires. Néanmoins, sous une forme ou sous une autre, le travail continuera. Comme le disent les paléontologistes, c'est souvent dans les marges que naissent les innovations.

Références bibliographiques

Ackerman T.F., 1980. What Bioethics Should Be. *The Journal of Medecine and Philosophy*, 5, 260-275.

Allenby B.R., Sarewitz D., 2011. *The Techno-Human Condition.* Cambridge, MIT Press.

Atwood M., 2003 (2005). *Le Dernier homme* [*Oryx and Crake]*. Trad. Michèle Albaret-Maatsch, Paris, Robert Laffont.

AUA, 2012. AUA Speaks out against USPSTF Recommandations. Disponible à https://web.archive.org/web/20121018184137/http://www.auanet.org/content/health-policy/government-relations-and-advocacy/in-the-news/uspstf-psa-recommendations.cfm?WT.mc_id=EML6621MKT, [consulté le 13 juillet 2019].

Babich B., 2013. On the Analytic-Continental Divide in Philosophy: Nietzsche's Lying Truth, Heidegger's Speaking Language, and Philosophy. Articles and Chapters. *In*: *Academic Book Collections. Paper 6*, https://fordham.bepress.com/phil_babich/6/, [consulté le 23 juillet 2019].

Bammer G., 2013. *Disciplining Interdisciplinarity: Integration and Implementation Sciences for Researching Complex Real-World Problems*. Australian National University E Press.

Barber M., Donnelly K., Rizvi S., 2013. *The Avalanche Is Coming: Higher Education and the Revolution Ahead.* Institute for Public Policy Research.

Baron J., 2006. *Against Bioethics.* Cambridge, MIT Press.

Bauerlein M., Gad-El-Hak M., Grody W., McKelvey B., Trimble S.W., 2010. We Must Stop the Avalanche of Low-Quality Research. *Chronicle of Higher Education*, https://chronicle.com/article/We-Must-Stop-the-Avalanche-of/65890/, [consulté le 23 juillet 2019].

Beauchamp T.L., Childress J.F., 2008. *Principles of Biomedical Ethics.* Oxford University Press.

Bordogna F., 2008. *William James at the Boundaries.* Chicago University Press.

Briggle A., 2010. *A Rich Bioethics: Public Policy, Biotechnology, and the Kass Council.* University of Notre Dame Press.

Briggle A., 2012. How Can We Assess Fracking's Consequences without Being Influenced by Big Business? *Slate*, July 6.

Briggle A., Frodeman R., 2011. Creating a 21st Century Philosophy. *The Chronicle Review*, December 18.

Busch V., 1945. *Science, the Endless Frontier: A Report to the President on a Program for Postwar Scientific Research.* Washington, United States Government Printing Office.

Calhoun C., Rhotan D., 2010. Integrating the social sciences: theoretical knowledge, methodological tools, and practical applications. *In*: R. Frodeman, *et al.* (eds.), *Oxford Handbook of Interdisciplinarity*, 103-118.

Callahan D., 1973. Bioethics as a Discipline. *The Hastings Center Studies*, 1, 66-73. Reprinted *In*: N.S. Jecker, A.R. Jonsen., R.A. Pearlman (eds.), 2007. *Bioethics: An Introduction to the History, Methods, and Practise.* London, Jones and Bartlett, 17-22.

Carr N., 2008. Is Google Making Us Stupid? *Atlantic*, July 1, 2008. https://www.theatlantic.com/magazine/archive/2008/07/is-google-making-us-stupid/306868/, [consulté le 23 juillet 2019].

Christensen C.M., Eyring H.J., 2011. *The Innovative University: Changing the DNA of Higher Education from the Inside Out.* San Francisco, Jossey-Bass Publishing.

Chubin D., Hackett E., 1990. *Peerless Science: Peer Review and U.S. Science Policy.* State University of New York Press.

Clark W., 2006. *Academic Charisma and the Origins of the Research University*. University of Chicago Press.

Cohen A., Dascal M., 1999. *The Institution of Philosophy: A Discipline in Crisis?* Open Court Publishing.

Crease R., Selinger E., 2006. *The Philosophy of Expertise*. Columbia University Press.

Deleuze G., Guattari F., 1980. *Mille plateaux*. Paris, Éditions de Minuit, coll. Critique.

Dickens C.,1854 (1985). *Temps difficiles*. Trad. de l'anglais par Andhrée Vaillant, Paris, Gallimard, coll. Folio.

Eckenwiler L., Cohn F. (eds.), 2007. *The Ethics of Bioethics: Mapping the Moral Landscape*. Baltimore, John Hopkins University Press.

Ehrlich P.R., 1965. *The Population Bomb*. New York, Buccaneer Books.

Ernst. Z., 2009. Our Naked Emperor: The Philosophical GourmetReport. https://www.dropbox.com/s/qd9gdl7ozofhit0/emperor-1.pdf?dl=0APS_DEA_Science_Final.pdf. Accessed October 1, 2015, [consulté le 23 juillet 2019].

Evans J., 2002. *Playing God? Human Genetic Engineering and the Rationalization of Public Bioethical Debate*. Chicago, University of Chicago Press.

Farman J.C., Gardiner B.G., Shanklin J.D., 1985. Large Losses of Total Ozone in Antartica Reveal Seasonal ClO_x/NO_x Interaction. *Nature*, 315, 207-210.

Fish S., 2008. Will the Humanities Save Us? *New York Times*, January 6.

Foltz B.V; 2000. Inhabitation and orientation: science beyond disenchantment. *In*: Robert Frodeman (ed.). *Earth Matters: The Earth Sciences, Philosophy, and the Claims of Community*. New York, Prentice Hall.

Forman P., 2012. On the Historical Forms of Knowledge, Production and Curation: Modernity Entailed Disciplinarity, Postmodernity Entails Antidisciplinarity. *Osiris*, 27, 56-97. Frodeman R., 2003. *Geo-Logic: Breaking Ground between Philosophy and the Earth Sciences*. State University of New York Press.

Frodeman R. 2006. The Policy Turn in Environmental Philosophy. *Environmental Ethics*, 28 (1).

Frodeman R., 2007. The Role of Humanities Policy in Public Science. *In: Public Science in Liberal Democracies*, University of Toronto Press, 111-120.

Frodeman R., 2010. Experiments in Field Philosophy. *New York Times* op-ed, part of The Stone series, November 23, 2010, https://opinionator.blogs.nytimes.com/2010/11/23/experiments-in-field-philosophy/, [consulté le 23 juillet 2019].

Frodeman R., 2011. Interdisciplinarity Thinking and Academic Sustainability: Managing Knowledge in an Age of Accountability. *Environmental Conservation*, 38 (2), 105-112.

Frodeman R., 2013a. The Geosciences, Climate Change, and the Virtues of Ignorance. *GSA Special Papers* 502, Geological Society of America, 145-152.

Frodeman R., 2013b. Philosophy Dedisciplined. *Synthese*, 190 (11), 1917-1936.

Frodeman R., Briggle A., 2012. The Dedisciplining of Peer Review. *Minerva*, 50 (1), 3-19.

Frodeman R., Mitcham C. (eds.), 2004. Philosophy of Science Policy. *Philosophy Today*, Special Supplement.

Frodeman R., Mitcham C., 2007. New Directions in Interdisciplinarity: Broad, Deep, and Critical. *Bulletin of Science, Technology, and Society*, 27 (6), 506-514.

Frodeman R., Briggle A., Holbrook J.B., 2012. Philosophy in the Age of Neoliberalism. *Social Epistemology*, 25 (3-4), 311-330.

Frodeman R., Klein J. T., Mitcham C., 2010. *Oxford Handbook of Interdisciplinarity*, Oxford University Press.

Frodeman R., Holbrook J.B., Briggle A., 2012. Bieberians at the Gates. *Inside Higher Education*, [publié en ligne le 10 décembre], https://www.insidehighered.com/views/2012/12/10/essay-idea-non-philosophers-should-judge-philosophers, [consulté le 23 juillet 2019].

Fuller S., 1993. *Philosophy, Rhetoric, and the End of Knowledge*, Routledge. Réédité en 2004 par Fuller S., Collier J., New Jersey, Lawrence Erlbaum Associates.

Fuller S., 2009. *The Sociology of Intellectual Life : The Career of the Mind in and around the Academy.* London, Sage Publishing.

Fuller S., 2011. *Humanity 2.0: Foundations for 21st Century Social Thought.* Palgrave Macmillan.

Gardiner H., 2011. U.S. Panel Says No to Prostate Screening for Healthy Men. *New York Times,* October 6.

Gibbons M., Limoges C., Nowotny H., Schwartzman S., Scott P., Trow M., 1994. *The New Production of Knowledge: The Dynamics of Science and Research in Contemporary Societies.* London, Sage Publications.

Ginsberg T., 2011. Contemporary Interdisciplinarity Studies and the Ideology of Neoliberal Expansion. *Arab Studies Quarterly,* 33 (3-4), 143-152.

Grafton A., 2009. A Sketch Map of a Lost Continent: The Republic of Letters. *Republic of Letters: A Journal for the Study of Knowledge, Politics, and the Arts,* 1 (1), May 1.

Guston D., 2002. *Between Politics and Science: Assuring the Integrity and Productivity of Research.* Cambridge University Press.

Harden N., 2013. The end of the University as We Know It. *The American Interest,* 8 (3), https://www.the-american-interest.com/2012/12/11/the-end-of-the-university-as-we-know-it/, [consulté le 23 juillet 2019].

Hargrove E., 2003. What Went Wrong? Who's to Blame? *Environmental Ethics,* 25, 38-39.

Heckhausen H., 1972. Discipline and Interdisciplinarity. *Interdisciplinarity: Problems of Teaching and Research in Universities.* Organisation for Economic Co-operation and Development.

Hegel G.W.F., 1807 (2006), *Phénoménologie de l'esprit.* Trad. de l'allemand B. Bourgeois Paris, Vrin, p. 70.

Hegel G.W.F., 1812 (2015). *Science de la logique. Livre premier : L'être.* Trad. de l'allemand par B. Bourgeois, Paris, Vrin, coll. Bibliothèque des Textes Philosophiques.

Heidegger M., 1927 (1986). *Être et Temps.* Trad. de l'allemand par François Vezin, Paris, Gallimard, coll. Bibliothèque de Philosophie.

Heidegger M., 1934 (1968). What Is Called Thinking, trad. F.D. Wieck et J.G. Gray, New York, Harper, p.130 ; cité par Babette Babich.

Heidegger M., 1931-32 (2001). *De l'essence de la vérité.* Trad. de l'allemand par Alain Boutot, Paris, Gallimard, coll. Bibliothèque de Philosophie.

Hoffman M.H.G., Schmidt J.C., Nersessian N., 2013. Philosophy of and as Interdisciplinarity. *Synthese,* Special Issue, 190 (11).

Holbrook J.B., 2012. Re-assessing the science – society relation: the case of the US National Science Foundation's broader impacts merit review criterion (1997-2011). *In*: R. Frodeman, J.B. Holbrook, C. Mitcham, H. Xiaonan (eds.). *Peer Review, Research Integrity, and the Governance of Science – Practice, Theory, and Current Discussions.* Beijing: People's Publishing House, 328-362.

Holbrook J.B., 2013. What Is Interdisciplinary Communication ? Reflections on the Very Idea of Disciplinary Integration. *Synthese,* 190 (11), 1865-1879.

Holbrook J.B, Frodeman R., 2011. Peer Review and the *Ex Ante* Assessment of Societal Impacts. *Research Evaluation,* 20 (3), 239-246.

Huutoniemi K., 2014 Introduction. *In*: K. Huutoniemi., P. Tapio. (eds.),. *Transdisciplinary Sustainability Studies: A Heuristic Approach,* London, Routledge.

IBM, Big Data, 2013. https://www.ibm.com/developerworks/library/bd-bigdatacloud/, [consulté le 23 juillet 2019].

Jacobs J.A., Frickel S., 2009. Interdisciplinarity: A Critical Assessment. *Annual Review of Sociology,* 35, 43-65.

Jasanoff S., 2010. A field of its own: the emergence of science and technology studies. *In*: R. Frodeman., J.T. Klein, C. Mitcham (eds.), *The Oxford Handbook of Interdisciplinarity.* Oxford University Press, 191-205.

Jinha A.E., 2010. Article 50 Million: An Estimate of the Number of Scholarly Articles in Existence. *Learned Publishing*, 23 (3), 258-263.

Joy B., 2000. Why the Future Doesn't Need Us. *Wired Magazine*, 8.04, https://www.wired.com/2000/04/joy-2/ [consulté le 23 juillet 2019].

Kant I., 1785 (2018). *Métaphysique des mœurs t.1.* Trad. de l'allemand par Alain Renaut. Paris, Flammarion.

Kitcher P., 2011. Philosophy Inside Out. *Metaphilosophy*, 42 (3).

Klein J.T., 1990. *Interdisciplinarity: History, Theory, and Practice.* Detroit, Wayne State University Press.

Klein J.T., 1996. *Crossing Boundaries: Knowledge, Disciplinarities, and Interdisciplinarities in the Series on Knowledge: Disciplinarity and Beyond.* University Press of Virginia.

Klein J.T., 2005. *Humanities, Culture, and Interdisciplinarity: The Changing American Academy.* State University of New York Press.

Klein J.T., Newell W., 1996. Advancing interdisciplinary studies. *In*: J.G. Gaff, J. Ratcliff (and associates) (eds.), *Handbook of the Undergraduate Curriculum.* San Francisco, Jossey-Bass, 393-395.

Krohn W., 2010. Interdisciplinary Cases and Disciplinary Knowledge. *In*: R. Frodeman *et al.* (eds.), *Oxford Handbook of Interdisciplinarity*, 31-38.

Kuklick B., 2003. *A History of Philosophy in America, 1720-2000.* New York, Oxford University Press.

Lane J.P., Rogers J.D, 2011. Engaging National Organizations for Knowledge Translation: Comparative Studies in Knowledge Value Mapping. *Implementation Science*, 6, 106.

Laudan L., 1983 (1996). The demise of the demarcation problem. *In*: M. Ruse (ed.), *But Is It Science? The Philosophical Question in the Creation/Evolution Controversy.* Amherst, NY Promotheus Books, 337-350.

Leiter B. (ed.), 2006. *The Future for Philosophy.* Oxford University Press.

Lévi-Strauss C. 1962 (1983). *La Pensée sauvage.* Paris, Plon.

Lewin T., 2012. Harvard and M.I.T. Team Up to Offer Free Online Courses. *New York Times*, May 2, https://www.nytimes.com/2012/05/03/education/harvard-and-mit-team-up-to-offer-free-online-courses.html, [consulté le 23 juillet 2019].

Light A., Katz E., 1996. *Environmental Pragmatism.* Routledge.

Longino H., 2002. *The Fate of Knowledge.* Princeton University Press.

Lovejoy A.O., Boas G. 1935. *A Documentary History of Primitivism and Related Ideas.* Baltimore, John Hopkins University Press.

Lyotard J.-F., 1979. *La Condition postmoderne.* Paris, Éditions de Minuit, coll. Critique.

Marchand P., 1998. *Marshall McLuhan: The Medium and the Messenger.* Cambridge, MIT Press.

Marx K., 1867 (2014). *Le Capital.* Texte français établi par E. Balibar, G. Cornillet, G. Espagne, *et al.* Paris, Presses Universitaires de France, coll. Quadrige.

McKeon M., 1994. The Origins of Interdisciplinary Studies. *Eighteenth-Century Studies*, 28 (1), 17-28.

McKibben B., 2012. Global Warming's Terrifying New Math. *Rolling Stone*, https://www.rollingstone.com/politics/politics-news/global-warmings-terrifying-new-math-188550/, [consulté le 23 juillet 2019].

McKumber R.J., 2001. *Time in a Ditch: American Philosophy and the McCarthy Era.* Northwestern University Press.

Moreno J., 2005. *Is There an Ethicist in the House? On the Cutting Edge of Bioethics (Medical Ethics).* Indiana university Press.

Nietzsche F., 1874 (1988). *Seconde considération intempestive. De l'utilité et de l'inconvénient des études historiques pour la vie.* Trad. de l'allemand par Henri Albert. Paris, Flammarion.

Nietzsche F., 1886 (1913). *Par delà le bien et le mal.* Trad. de l'allemand par Henri Albert. Paris, Mercure de France.

Newell W.H., 2007. Decision-making in interdisciplinary studies. In: Goktug Morcol (ed.), *Handbook of Decision Making.* CRC Press.

Norton B.G., 1991. *Toward Unity among Environmentalists.* Oxford University Press.

Norton B.G., Hargrove E., 1994. Where do we go from here? *In* : F. Ferre, P. Hartel (eds.), *Ethics and Environmental Policy: Theory Meets Practice.* Athens, University of Georgia Press, 235-252.

NSF, 2012. Revised Merit Review Criteria Resources for the External Community, https://www.nsf.gov/bfa/dias/policy/merit_review/resources.jsp, [consulté le 23 juillet 2019]

O'Rourke M., Crowley S.J., 2012. Philosophical Intervention and Cross-disciplinary Science: The Story of the Toolbox Project. *Synthese* [publié en ligne le 13 septembre 2012], doi : 10.1007/s11229-012-0175-y, https://link.springer.com/article/10.1007/s11229-012-0175-y, [consulté le 23 juillet 2019].

Parchman F., 2005. *Echoes of Fury: The 1980 Eruption of Mount St. Helens and the Lives It Changed Forever.* St Kenmore, WA, Epicenter Press.

Pielke R.A.Jr., 2012. "Basic Research" as a Political Symbol. *Minerva*, 50, 339-361.

Pielke R.A.Jr., Byerly R., 1998. Beyond Basic and Applied. *Physics Today*, 51 (2), 42-46.

Polanyi M., 1962. The Republic of Science: Its Political and Economic Theory. *Minerva*, 1, 54-74.

Pollack A, 2013a. New Prostate Cancer Tests Could Reduce False Alarms. *New York Times*, March 26.

Pollack A., 2013b. Looser Guidelines Issued on Prostate Screening. *New York Times*, May 3.

Post R., 2009. Debating Disciplinarity. *Faculty Scholarship Series.*, 164. https://digitalcommons.law.yale.edu/fss_papers/164, [consulté le 23 juillet 2019].

Proctor R., Schiebinger L. (eds.), 2008. *Agnotology: The Making and Unmaking of Ignorance.* Stanford University Press.

Reisch G.A., 2005. *How the Cold War Transformed Philosophy of Science.* Cambridge University Press.

Repko, A. 2008. *Transdisciplinary Research: Process and Theory.* Thousand Oaks, CA, SAGE Publications.

Rothenberg M., 2010. Making Judgments about Grant Proposals: A Brief History of the Merit Review Criteria at the National Science Foundation. *Technology and Innovation*, 12, 189-195.

Sarewitz D., 1996. *Frontiers of Illusion.* Temple University Press.

Sarton G., 1918. Review of Charles Singer, Studies in the History and Method of Science. *Science*, 47, 316-319.

Schmidt J.C., 2008. Towards a Philosophy of Interdisciplinarity: An Attempt to Provide a Classification and Clarification. *Poiesis and Praxis*, 5 (1), 53-71.

Schmidt J., 2010. Prospects for a Philosophy of Interdisciplinarity. *In:* R. Frodeman, J.T. Klein, C. Mitcham (eds.), *Oxford Handbook of Interdisciplinarity.* Oxford University Press, 39-41.

Schrum E., 2007. Establishing a Democratic Religion: Metaphysics and Democracy in the Debates over the President's Commission on Higher Education. *History of Education Quarterly*, 47 (3), August.

Science Progress, 2011. *U.S. Scientific Research and Development 101*, https://scienceprogress.org/2011/02/u-s-scientific-research-and-development-101/, [consulté le 23 juillet 2019].

Shattuck R., 1996. *Forbidden Knowledge: From Promotheus to Pornography.* New York City, St. Martin's Press.

Shenk D., 2007. The E Decade. *Slate*, July 25, https://slate.com/culture/2007/07/was-i-right-about-the-dangers-of-the-internet-in-1997.html, [consulté le 23 juillet 2019].

Shumway D.R., Messer-Davidow E., 1991. Disciplinarity: An Introduction. *Poetics Today*,
12 (2), 201-225.

Singer P.W., 2009. *Wired for War: The Robotics Revolution and 21st Century Conflict.* New York, Penguin.

Stichweh R., 2001. History of the Scientific Disciplines. *The International Encyclopedia of the Social and Behavioral Sciences*, 20, 13727-13731.

Swanson D., 1986. Fish Oil, Raynaud's Syndrome, and Undiscovered Public Knowledge. *Perspectives in Biology and Medicine*, 30 (1), 7-18.

Thoreau H.D., 1854 (1967). *Walden ou la vie dans les bois.* Texte original et version française par G. Landré-Augier, Paris, Aubier.

Thurgood L., Golladay M.J., Hill S.T., 2006. *US Doctorates in the 20th Century*. Arlington, National Science Fondation.

Toulmin S., 1982. How Medecine Saved the Life of Ethics. *Perspectives in Biology and Medecine*, 25 (4), 736-750.

Troop D., 2013. College's Closure Signals Problems for Others, Credit-Rating Agency Says. *Chronicle of Higher Education*, June 17, https://www.chronicle.com/blogs/bottomline/colleges-closure-signals-problems-for-others-credit-rating-agency-says/, [consulté le 23 juillet 2019].

Turner S., 2000. What are disciplines? And how is interdisciplinarity different? *In*: N. Stehr, P. Weingart (eds). *Practising Interdisciplinarity*. University of Toronto Press, 46-65.

Van De Veer D., Pierce C., 1994. *The Environmental Ethics and Policy Book: Philosophy, Ecology, Economics*. Belmont CA, Wadsworth Publishing.

Veysey L.R., 1965. *The Emergence of the American University*. University of Chicago Press.

Vitello P., 2013. Joseph Farman, 82, Is Dead; Discovered Ozone Hole. *New York Times*, May 18, https://www.nytimes.com/2013/05/19/science/earth/joseph-farman-82-is-dead-discovered-ozone-hole.html, [consulté le 23 juillet 2019].

Weinberg C., 2013. Federal Student-Loan Debt Crosses $1-Trillion Threshold. *Chronicle of Higher Education*, July 17.

Weingart P., 2000. Interdisciplinarity: the paradoxical discourse. *In*: N. Stehr and P. Weingart (eds.), *Practising Interdisciplinarity*. University of Toronto Press.

Weingart P., 2010. A Short History of Knowledge Formations. *In*: R. Frodeman, J.T. Klein, C .Mitcham (eds). *The Oxford Handbook of Interdisciplinarity*, Oxford University Press, 3-14.

Weingart P., Padberg B., 2014. *University Experiments in Interdisciplinarity: Obstacles and Opportunities*. Science Studies, 204 p.

Winterer C., 2012. Where Is America in the Republic of Letters? *Modern Intellectual History*, 9 (3), 597-623.

Ouvrages récents parus dans la collection

Sobriété énergétique. Contraintes matérielles, équité sociale et perspectives institutionnelles
Bruno Villalba, Luc Semal, (coordinateurs)
Octobre 2018, 208 p.

Gestion durable de l'eau urbaine. Observations et échanges France-Brésil
Bernard Barraqué (directeur éditoriale)
Mars 2018, 244 p.

Évaluer et renforcer les capacités d'adaptation des agriculteurs familiaux. Les populations forestières de l'Est malgache face aux mesures de conservation
Aurélie Toillier
Mars 2018, 136 p.

Édition : Delphine Vinck – Picto Senso

Mise en page : Hélène Bonnet – Studio 9

Achevé d'imprimer en septembre 2019 par

ISIPRINT

L'IMPRESSION DANS TOUTE SA DIMENSION

15 rue Francis de Pressensé
93210 La Plaine Saint-Denis

Numéro d'impression : 147399

Dépôt légal : octobre 2019

Imprimé en France